效應 蝴蝶

張天蓉 著

BUTTERFLY EFFECT

數學與碎形美學
至混沌理論

從自然界圖案到宇宙結構，
解構數學美學，探索宇宙最基本的語言

◎ **碎形美學**
從龍形到自然界的無窮迷人圖案

◎ **混沌理論**
從蝴蝶效應到宇宙的秩序與混亂

穿梭於科學與哲學，從混沌魔鬼到碎形天使
由單擺混沌至複雜性科學，宇宙從簡單到複雜的奧祕

圖文並茂＋豐富例子＋易懂語言　　趣味解釋複雜科學概念

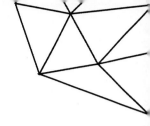

目錄

目錄

參考文獻

從數學遊戲到真實世界

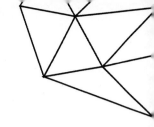

序一　科學可以很有趣

　　雖然科學傳播至東亞國家已有數百年的歷史，但恐怕還很難說當代人普遍都能理解科學。如果科學確實已深入華人社會，就難以解釋為什麼即使是現代，部分民眾仍經常誤讀科學著作，甚至在極端少數人的影響下，竟出現了反科學的思潮。

　　由真正懂科學的人長期以中文介紹科學，實有其必要；而能將科學栩栩如生地向大眾介紹的作者，在中文世界裡還是鳳毛麟角，本書的作者張天蓉就是其中之一。她的文筆也許有助於改善當代很多人只注重科學的功用，而無法欣賞科學的趣味的問題。

　　張天蓉是留美的物理學博士。她念物理學的時代，是年輕人對物理學趨之若鶩的時代。本來也喜歡物理學，後來卻讀醫學再轉向生物學的我，對此深有體會。

　　我自己喜歡科學，也喜歡了解其他學科，十幾年來也寫過不少科普文章，所以對張天蓉的科普著作由衷地佩服。張博士的文章，不僅將科學講得很透澈，而且內容豐富多彩、引人入勝，是普及科學知識的極佳讀物。

序一　科學可以很有趣

　　我希望不僅青少年，而且愛好科學、崇尚智慧、推崇理性的成年人都能成為張博士的讀者。

　　如果您因時間不夠而無法全面地閱讀，也不妨將這本書放在自己的書架上，也許不經意間可以影響親朋好友，也推廣了科學和理性。

饒毅

醫科大學校長、大學教授

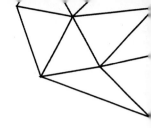

序二　玄機妙語話混沌

　　自從羅倫茲（Edward Lorenz）1960 年代偶然從數值計算發現混沌吸子以來，混沌理論在許多領域中得以迅速發展。混沌以其千姿百態的碎形與吸子，以及難以捉摸的「蝴蝶效應」，讓人感到一種飄渺虛幻的玄妙和一絲撲朔迷離的詭異。

　　「混沌理論」最早起源於物理學家的研究，但卻不是正統物理學的範圍，它當然也不是正統數學理論，它可算是在許多領域都能應用的邊緣學科。每個學科的人都以不同的方式來理解它。學生物的人用它分析生物體的結構和生命的演化；學經濟的人用它探索金融股市的規律；研究數學的人則更多地將它與非線性及微分方程式穩定性理論等連繫起來。這本書是從物理的角度開始，應用通俗易懂的語言和嫻熟的數學技巧剖析混沌的本質，然後推而廣之，述及混沌在其他各學科的應用。

　　要寫好一本通俗讀物，有兩點是很重要的：一是對該學科的深刻理解，沒有這種理解就會把通俗讀物混同為幻想小說；二是文筆的生動流暢，否則會寫成簡易版教科書。張天蓉博士既有高深的學術造詣，又有入木三分的文筆，使得這

序二　玄機妙語話混沌

本書既保持了科學的嚴謹性，令讀者開卷有益，收穫真知；
又能深入淺出、趣味盎然、引人入勝。

張天蓉博士是我當年第一屆科學院研究生的同學，後來
在美國德州大學奧斯汀分校獲物理學博士學位，與我經歷相
似。細讀該書，為之感動，故不揣孤陋，以為序。

程代展

科學院研究員、博士生導師

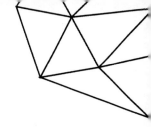

前言

有一首譯為中文的英文詩:「釘子缺,蹄鐵卸;蹄鐵卸,戰馬蹶;戰馬蹶,騎士絕;騎士絕,戰事折;戰事折,國家滅。」(*For Want of a Nail*,多譯為〈只因少了一顆釘〉)

蘇軾詩:「斫得龍光竹兩竿,持歸嶺北萬人看。竹中一滴曹溪水,漲起西江十八灘。」

成語:「失之毫釐,謬以千里。」

以上文字可用一個現代著名而熱門的科學術語來概括 —— 蝴蝶效應。

什麼是「蝴蝶效應」?此名詞最早起始於 1960 年代研究非線性效應的美國氣象學家羅倫茲[01],它的原意指的是氣象預報對初始條件的敏感性。初始值上很小的偏差,會導致結果偏離十萬八千里!

例如 1998 年,太平洋上出現「聖嬰」現象,氣象學家們便說:這是大氣運動引起的「蝴蝶效應」。好比美國紐約的一隻蝴蝶拍了拍翅膀,就可能在大氣中引發一系列的連鎖事件,從而導致之後的某一天,某個城市將出現一場暴風雨!

也許如此比喻有些譁眾取寵、言過其實。但無論如何,

前言

它擊中了結果對於初始值之變化無比敏感的這點要害和精髓，因此，如今各行各業的人都喜歡使用它。

毫不起眼的小改變，可能釀成大災難。名人一件芝麻綠豆大的小事，經過一傳十、十傳百，可能被放大成一條面目全非的大新聞，有人也將此比喻為「蝴蝶效應」。

股票市場中，快速的電腦程序控制交易，透過網路的回饋來調節，有時會使得很小的一則壞消息被迅速傳遞和放大，以致於促使股市災難性下跌，造成如「黑色星期一」、「黑色星期五」這類為期一天的災禍。更有甚者，一點很小的經濟擾動，有可能被放大後變成一場巨大的金融危機。這時，股市中的人們會說「這是『蝴蝶效應』」。

有人還用了一個不太恰當的比喻，來解釋社會現象中的「蝴蝶效應」：如果希特勒在孩童時期就得一場大病而夭折了的話，在 1933 年還會爆發第二次世界大戰嗎？對此我們很難給出答案，但是卻可以肯定，起碼戰爭的發展過程可能會大不相同了。

「蝴蝶效應」一詞還激發了眾多文人作家無比的想像力，多次被用於科幻小說和電影。

然而，在這個原始的科學術語中，究竟隱藏著一些什麼樣的科學奧祕呢？它所涉及的學科領域有哪些？這些學科領域的歷史、現狀和未來如何？其中有哪些人物活躍著？他們

為何造就了這個奇怪的術語?這裡所涉及的科學思想和概念,與我們的日常生活真的有關係嗎?這些概念在當今突飛猛進發展的高科技中有何應用?又如何應用?

從這些一個接一個的疑問出發,作者將用講故事的方式,帶你輕鬆愉快地走進科技世界中最美妙、最神奇的一個角落,向你展示「蝴蝶效應」之奧祕 —— 碎形和混沌理論,數學物理百花園中這兩朵美麗的奇葩!同時,作者將帶你廣開眼界,從碎形和混沌這兩朵數學和物理學中的奇葩,走向如今整個學術界都有所研究、也許都能用得上的「複雜性科學」!

碎形和混沌既簡單又複雜,從複雜的系統中尋找簡單的規律,反映了大自然及人類社會中許多相似的共性。從 1970 至 80 年代開始,學術界興起了一個「複雜性科學」建立和發展的高潮。

數學上,從馮紐曼(John von Neumann)開始就有研究了多年的細胞自動機;化學上,有普里高津(Ilya Romanovich Prigogine)遠離非平衡態的耗散理論、自組織過程;物理學中,固體物理延拓成為凝聚態物理後,不僅研究對象之範圍得以極大的擴充,還包括變因數量的多寡對於整體性質之影響造成的深刻改變。安德森(Philip Anderson)曾從「多則異」角度,提倡用「湧現論」的觀點來看待複雜體系

的行為。複雜性科學研究的各種複雜現象，在心理學、生物學、電腦科學、網路理論等領域都有表現。

因此，1984 年，一批從事物理學、經濟學、生物學、電腦科學的學者，包括諾貝爾獎得主、夸克之父默里·蓋爾曼（Murray Gell-Mann）與喬治·考恩（George Cowan）等人，建立了一個研究複雜性科學的「聖塔菲研究所」，全力支持年輕人探索這個世界各方面的複雜系統。為此，我們對這一新興領域稍作介紹。

僅以此書獻給我的家人。

張天蓉

第一篇
美哉碎形

前言中提到的蝴蝶效應與一門新興科學 —— 混沌理論有關 [02]。

混沌是什麼？要理解混沌的概念，最好先理解碎形。碎形是什麼？要理解碎形，最好首先從一個例子開始。那就讓我們從一個不算很複雜、也不算很簡單的碎形的例子 —— 碎形龍說起吧 [03]。

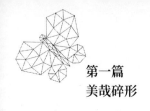

第一篇
美哉碎形

1.1 有趣的碎形龍

拿著一條細長的紙帶，將紙帶對摺。接著，把對摺後的
紙帶再對摺，又再對摺，重複這樣的對摺幾十次⋯⋯。

然後，鬆開紙帶，從紙帶側面看，如圖 1.1.1 所示，我
們得到的是一條彎彎曲曲的折線。請別小看這個連小孩子都
會玩的遊戲。從它開始，我們可以探索一連串現代科技中耳
熟能詳的名詞：碎形、混沌、蝴蝶效應、生命產生、複雜性
科學⋯⋯。

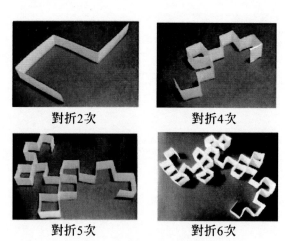

對折2次　　　　　　　　對折4次

對折5次　　　　　　　　對折6次

圖 1.1.1 紙帶對摺的過程
注意：4 個圖中，紙帶的長度不是固定的。

我們把「紙帶對摺一次」的動作用數學的語言來表述，便對應於幾何圖形的一次「疊代」。如剛才所描述的紙帶「對摺」，就是將一條線段「折」了一下。圖 1.1.2（a）、（b）所示為從「初始圖形」到「第 1 次疊代」的過程。

然後，將這種「疊代」操作循環往復地做下去，最終所得到的圖形叫龍形曲線，或稱碎形龍。圖 1.1.2 描述了碎形龍曲線幾何圖形的生成過程。

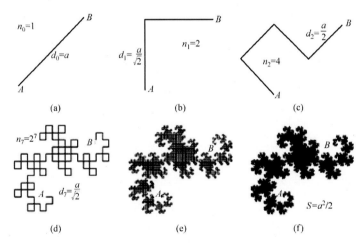

圖 1.1.2 碎形龍曲線的生成過程

（a）初始圖形；（b）第 1 次疊代；（c）第 2 次疊代；（d）第 7 次疊代；
（e）第 11 次疊代；（f）疊代次數→∞

這裡需要提醒一點，圖 1.1.2 的疊代過程，與最開始提到的「摺紙帶」遊戲有一點不同之處：摺紙帶時，紙帶的長度是不變的，而在圖 1.1.2 的疊代過程中，我們保持初始

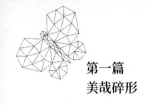

圖形中線段的兩個端點（A 和 B）的位置固定不變。因此，所有線段加起來的總長度（對應於紙帶長度）應是不斷增加的。

仔細研究圖 1.1.2 中碎形龍的生成過程，可觀察到如下 3 個有趣之處：

1. 簡單的疊代，進行多次之後，產生了越來越複雜的圖形；
2. 越來越複雜的圖形表現出一種「自相似性」；
3. 疊代次數較少時，圖形看起來是一條折來折去的「線」，隨著疊代次數的增加（疊代次數→無窮），最後的圖形看起來像是一個「面」。

第一個特點一目了然，無須多言。

第二個特點的「自相似性」是什麼意思呢？這是說，一個圖形的自身可以看成是由許多與自己相似的、大小不一的部分組成的。最通俗的「自相似」例子是人們喜歡吃的花椰菜，花椰菜的每一部分，都可以近似地看成是由與整棵花椰菜結構相似的「小花椰菜」組成的。

先前摺疊紙帶而構成的碎形龍曲線，也具有這種「自相似性」。從圖 1.1.3 可以看出：碎形龍可以看成是由 4 個更小的但形狀完全一樣的「小碎形龍」組成的 [02]。

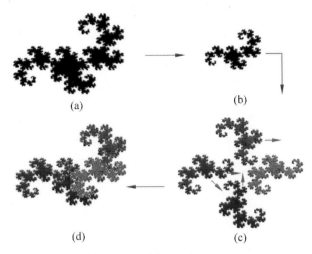

圖 1.1.3 碎形龍 [A] 的自相似性

圖 1.1.3（a）是碎形龍原來的圖形。我們將圖（a）縮小 1/2，得到原來大小一半的圖（b）；然後，圖（c）包含了 4 個不同方向的小圖形；將這 4 個小圖按照紅色箭頭的方向移動後，把它們拼成如圖（d）所示的形狀。可以看出，圖（d）是和圖（a）一模一樣的圖形。

話說到這裡，讀者們大概已經明白，我們要描述的圖形有什麼樣的特點了。並且，從我們所說的圖形的名字 —— 碎形龍，也可以看出一點名堂來。沒錯，具有此類性質的圖形，就叫做「碎形」。

又為什麼取名為「碎形」呢？這就和剛才總結的第三個特點有關：碎形龍圖形，到底是「線」還是「面」？

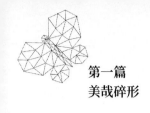

　　我們從日常生活中已經建立了「點、線、面、體」的概念，幾何學為它們抽象了一下，分別叫它們為「零維、一維、二維、三維」的幾何圖形。那麼，圖 1.1.2 的碎形龍到底是一維的「線」，還是二維的「面」呢？

　　這裡談到了幾何圖形的「維數」。維數是一個嚴格的數學概念，我們不應該只憑感覺了，而需要更多的數學論證。也就是說，我們需要仔細研究研究，當疊代的次數增加下去，趨向於無窮的時候，碎形龍曲線的維數到底是多少？

　　思維比較典型的同學可能會說，碎形龍是由一條紙帶反覆摺疊而成的。在數學上，就是一條直線段折了又折而成的。摺疊再多的次數，即使是最後那個圖，放大之後依然能看出來，是由一條一條小小的「線段」構成的，仍然是「線」，應該還是個「一維圖形」！

　　另外一些同學觀察思考得更細緻些，反駁說：「事情可不是那麼簡單。你們看，最後一個圖形的下面寫的是，疊代次數→無窮。這個趨於『無窮』的意思不是你放大圖形能夠看到的，你只能憑想像。另外，凡是涉及了『無限』，就可能得到一些意料之外的結果。」

　　「什麼樣意料之外的結果呢？」

　　就拿剛才提到的「一條一條小小的線段」來說吧，我們可以研究，當直線摺疊下去時，每條小線段的長度 d（圖

1.1.2 中所示的 d_1，d_2，$\cdots$，d_n）的變化。這很容易看出來，d 會越來越小。當 n 趨於無窮時，d 會趨於 0。也就是說，每一小段的長度都是 0。但是，儘管到了最後，每條小線段的長度都是 0，整條直線的長度卻顯然不是 0。這就是因為由無限多條小線段加起來的緣故。

這種說法反映了對碎形龍維數的另一種觀點。

持這種觀點的人認為，如圖 1.1.2 的疊代做下去，但是保持初始圖形中線段的兩個端點（A 和 B）的位置固定不變的話，我們可以證明，最後這無限多條長度為 0 的小線段加起來，結果的總長度不但不是 0，還是趨於無窮大！因此，當這條直線無限摺疊下去時，每條小線段變成了一個點，這些點將完完全全地充滿碎形龍圖形所在的那塊平面。因此，最終的碎形龍，應該等效於一個二維圖形！

碎形龍到底是一維圖形，還是二維圖形呢？還得看數學家們怎麼說。

「實際上，這碎形龍的維數，為什麼一定要是 1 或者 2 呢？難道它就不能是 1.2、1.8，或者是 3/2 這樣的分數嗎？」

維數是個分數！那是什麼意思啊？是否真有「分數維」這一說。這個既簡單又複雜的美妙的碎形龍圖形，激發了人們的好奇心和求知慾。現在就讓我們開始一次幾何之旅，對分數維圖形，也就是「碎形」，從不同的角度開始進一步的探索。

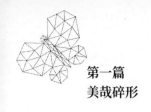

1.2 簡單碎形

　　數學上的確有分數維的定義。

　　非整數維的幾何圖形，早在 1890 年就由義大利數學家皮亞諾（Giuseppe Peano）提出。他當時建構了一種奇怪的曲線——空間填充曲線（space filling curve），就是圖 1.2.1 的方法構造下去的圖形。用此方法最後所逼近的極限曲線，應該能夠透過正方形內的所有的點，充滿整個正方形。那就等於說：這條曲線最終就是整個正方形，就應該有面積！這個結論令當時的數學界大吃一驚。一年後，大數學家希爾伯特（David Hilbert）也建構了一種性質相同的曲線。這類曲線的奇特性質令數學界不安：如此一來，曲線與平面該如何區分？對這種奇怪的幾何圖形，當時的經典幾何似乎顯得無能為力，不知道該把它們算作什麼。

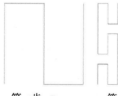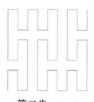

第一步 → 　　　第二步 → 　　　第三步 → …

圖 1.2.1 皮亞諾和他的空間填充曲線

　　這類奇怪的曲線，包括我們在 1.1 節中介紹過的碎形龍，都是碎形的特例，不同的疊代方法，可以形成各式各樣不同的碎形。自皮亞諾之後，科學家們對碎形的研究形成一個新的幾何分支 —— 碎形幾何。

　　碎形（fractal）是一種不同於歐幾里得幾何（簡稱歐氏幾何）中元素的幾何圖形。簡單的碎形圖形，例如 1.1 節中所列舉的碎形龍例子，很容易從疊代法產生。除了碎形龍之外，還有許多看起來更簡單的碎形曲線，如圖 1.2.2 所示的科赫曲線就是一例。

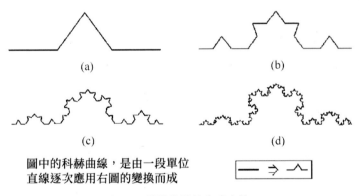

圖中的科赫曲線，是由一段單位
直線逐次應用右圖的變換而成

圖 1.2.2 科赫曲線的生成方法

　　海里格‧馮‧科赫（Helge von Koch）是一位瑞典數學家，出生於瑞典一個顯赫的貴族家庭。科赫的祖父曾擔任瑞典的司法大臣，父親是瑞典皇家近衛騎兵團的中校。研究數學和哲學是當時瑞典貴族階層的流行風尚。如今聞名世界

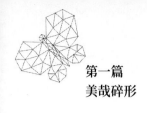
的諾貝爾獎，就是由瑞典皇家科學院專設的評選委員會負責評審和頒發的。1887 年，17 歲的科赫被斯德哥爾摩大學錄取，師從著名的函數論專家米塔 - 列夫勒（Gösta Mittag-Leffler）。由於斯德哥爾摩大學當時尚未獲得頒發學位的許可，之後他又就讀於烏普薩拉大學，在此校獲得文學學士及哲學博士學位之後，被斯德哥爾摩的皇家工學院聘任為數學教授。

在短短的 54 年生命中，科赫寫過多篇關於數論的論文。其中較突出的一個研究成果是他在 1901 年證明的一個定理，說明了黎曼猜想等價於質數定理的一個條件更強的形式。但是，他留給這個世界的最廣為人知的成果，卻是這個看起來不太起眼的小玩意兒，也就是此文中所介紹的以他名字命名的科赫曲線。

科赫在 1904 年他的一篇論文〈關於一個可由基本幾何方法構造出的、無切線的連續曲線〉（*On a Continuous Curve Without Tangents, Constructible from Elementary Geometry*）中，描述了科赫曲線的構造方法 [04]。

如圖 1.2.2 所示，科赫曲線可以用如下方法產生：在一條線段中間，以邊長為 1/3 線段長的等邊三角形的兩邊，去代替原來線段中間的 1/3，得到圖（a）。對圖（a）的每條線段重複上述做法又得到圖（b），對圖（b）的每段又重複

上述做法，如此無窮地繼續下去得到的極限曲線就是科赫曲
線。科赫曲線顯然不同於歐氏幾何中的平滑曲線，它是一種
處處是尖點、處處無切線、長度無窮的幾何圖形。科赫曲線
具有無窮長度，這點很容易證明：因為在產生科赫曲線的過
程中，每一次疊代變換都使得曲線的總長度變成原來長度的
4/3 倍，也就是說乘以一個大於 1 的因子。例如，假設開始
時的直線段長度為 1，在圖（a）中，折線總長度為 4/3；而
圖（b）的折線總長度為（4/3）×（4/3）；圖（c）的折
線總長度為（4/3）×（4/3）×（4/3）；這樣一來，當變
換次數趨向於無窮時，曲線的長度也就趨向於無窮。

　　科赫雪花則是以等邊三角形三邊生成的科赫曲線組成
的，如圖 1.2.3 所示。

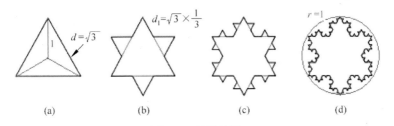

圖 1.2.3 科赫雪花

（a）初始圖形；（b）疊代 1 次；（c）疊代 2 次；（d）疊代 3 次

　　科赫曲線是數學上說的那種處處連續而處處不可微的曲
線，但當我們仔細觀察圖 1.2.3，會發現在曲線中每兩個頂點
之間，都是一段直線。

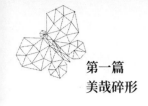

　　那麼問題就來了：處處連續是對的，如何理解這「處處不可微」呢？讀者會問：「這些平平的三角形邊上的直線部分看起來不都是可微的嗎？」

　　讀者的困惑之處來源於一個很重要的概念：我們用疊代的方法生成碎形，但實際上，生成過程中的那些所有的圖都不是碎形，只是無窮疊代下去的那個最後極限的圖形才能叫做「碎形」！

　　換言之，真正所謂「碎形」的東西是趨於無窮的極限，是畫不出來的！只能看著圖，再加上人為的想像……

　　言歸正傳，因為每條科赫曲線都是連續而處處不可微的曲線，每條曲線的長度都無限大，所以，由 3 條科赫曲線構成的科赫雪花的整個周長也應該無限大。然而，從圖 1.2.3 中很容易看出，科赫雪花的面積應該是有限的。因為整個雪花圖形被限制在一個有限的範圍之內。例如科赫雪花的面積應該大於圖 1.2.3（a）中正三角形的面積 $\frac{3}{4}\sqrt{3}$，而小於圖 1.2.3（d）中紅色圓形的面積 π。

　　利用中學數學很容易求得圖 1.2.3 中作無限次疊代之後的科赫雪花圖形的面積。

　　設 A_0 為初始三角形的面積，A_n 為 n 次疊代之後圖形的面積，讀者不難得出下面的疊代公式：

$$A_{n+1} = A_n + \frac{3 \times 4^{n-1}}{9^n} A_0, \quad n \geqslant 1 \qquad (1.2.1)$$

從圖 1.2.3（b）也很容易算出疊代一次之後的圖形面積 A_1：

$$A_1 = \frac{4}{3} A_0 \qquad (1.2.2)$$

經過簡單的代數運算：

$$A_{n+1} = \frac{4}{3} A_0 + \sum_{k=2}^{n} \frac{3 \times 4^{k-1}}{9^k} A_0 = \left(\frac{4}{3} + \frac{1}{3} \sum_{k=2}^{n} 3 \times \frac{3 \times 4^{k-1}}{9^k} \right) A_0$$

$$= \left(\frac{4}{3} + \frac{1}{3} \sum_{k=2}^{n} \frac{9 \times 4^{k-1}}{9^k} \right) A_0 = \left(\frac{4}{3} + \frac{1}{3} \sum_{k=1}^{n} \frac{4^k}{9^k} \right) A_0 \qquad (1.2.3)$$

$$\lim_{n \to \infty} A_n = \left(\frac{4}{3} + \frac{1}{3} \times \frac{4}{5} \right) A_0 = \frac{8}{5} A_0 \qquad (1.2.4)$$

最後可得到科赫雪花的面積：

$$\frac{2d^2 \sqrt{3}}{5} \qquad (1.2.5)$$

式中的 d 是原來三角形的邊長，$d^2 = 3$。

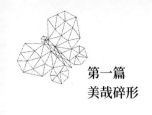

1.3 分數維是怎麼回事？

分數維到底是怎麼回事呢？

在經典幾何中，是用拓撲的方法來定義維數的，也就是說，空間的維數等於決定空間中任何一點位置所需要變數的數目。例如，所謂我們生活在三維空間，是因為我們需要 3 個數值 —— 經度、緯度和高度來確定我們在空間的位置。對於一個二維空間，比如在地球這個球面上，需要兩個數值來確定一個物體的位置。當我們開車行駛在某一條高速公路上，汽車的位置只需要用一個數 —— 出口的序號數就能表示了，這是一維空間的例子。

如上面所定義的拓撲維數，如何用分數維數才能解釋像皮亞諾圖形、科赫雪花、碎形龍這些奇怪的幾何圖形呢？

維數概念的擴展，要歸功於德國數學家費利克斯·豪斯多夫（Felix Hausdorff）。豪斯多夫在 1919 年給出了維數新定義，為維數的非整數化提供了理論基礎 [05]。

豪斯多夫是拓撲學的創始人。第二次世界大戰開始後，納粹當權，豪斯多夫是猶太人，但他認為自己做的是純數學，在德國已經是令人敬重的知名教授，應該可以免遭迫

害。但是事非所願，他未能逃脫被送進集中營的命運。他的
數學研究也被指責為屬於猶太人的、非德國的無用之物。
1942 年，他與妻子一起服毒自盡。這是科學家受政治迫害而
造成的悲劇。

　　豪斯多夫數學中的「變數的數目」不可能是一個分數，
因此，按照這種拓撲方法定義的維數，只能是整數！而碎形
的維數是用另一種方式定義的。

　　其實，在碎形這個名字中，就已經包含了分數維數的玄
機。眾所周知，經典幾何學中，有一維的線、二維的面、三
維的體。三維以內，有現實物理世界的物體對應，容易理
解，維數大於三的時候，就需要應用一點想像力了，比如加
上了時間的四維空間等。但是不管怎麼樣，經典幾何的維數
總是一個整數，將經典的三維空間擴展想像一下，一維一維
地加上去就可以了。而碎形幾何中的維數卻包含了分數維在
內，這也就是碎形名稱的來源。

　　如何定義和理解分數維呢？首先，我們先舉幾個例子，
再進一步解釋。

　　在碎形幾何中，我們將拓撲方法定義的維數，擴充成用
於自相似性有關的度量方法定義的維數。在 1.1 節中我們已
經介紹過花椰菜的結構和碎形龍的自相似性，其實經典整數
維的幾何圖形，諸如一條線段、一個長方形、一個立方體，

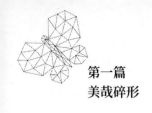

也具有這種自相似性，只不過它們的自相似性太平凡而不起眼，被人忽略了而已。

也就是說：線、面、體……這些我們常見的整數維幾何形狀，也算是一種碎形。

就像實數中包括了整數一樣，擴充過的碎形維數定義當然也應該包括整數維在內。我們先解釋一下如何用自相似性來定義維數吧。

根據自相似性的粗淺定義：一個圖形的自身可以看成是由許多與自己相似的、大小不一的部分組成的。我們來觀察普通整數維圖形的度量維數。

比如說，如圖 1.3.1 所示，圖（a）的線段是由兩條與原線段相似、長度為原線段一半的線段接成的；圖（b）的長方形，可以被對稱地剪成 4 個小長方形，每一個都與原長方形相似。也就是說，長方形自身可以看成是由 4 個與自己相似的、面積為原長方形 1/4 的部分組成的；圖（c）的立方體，則可以看成是由 8 個體積為自身 1/8 的小立方體組成的。

仍然利用圖 1.3.1，用自相似性來定義的維數可以如此簡單而直觀地理解：首先將圖形按照 $N:1$ 的比例縮小；然後，如果原來的圖形可以由 M 個縮小之後的圖形拼成的話，這個圖形的維數 d，也叫豪斯多夫維數，就表示為

$$d = \ln M / \ln N \tag{1.3.1}$$

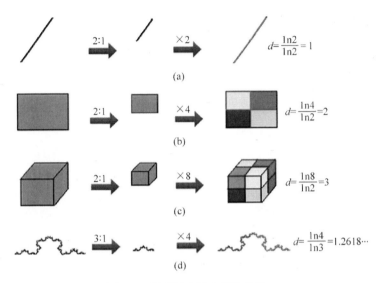

圖 1.3.1 用度量方法定義的維數

　　不難看出，採用上述方法來分析直線、平面、空間，分別得到 $d = 1，2，3$。見圖 1.3.1 中的（a）、（b）、（c）。

　　現在，我們可以用同樣的方法來分析科赫曲線的維數，就像圖 1.3.1（d）所示：首先，將科赫曲線的尺寸縮小至原來的 1/3；然後，用 4 條這樣的小科赫曲線，便能構成與原來一模一樣的科赫曲線。因此，根據公式（1.3.1），得到科赫曲線的維數 $d = \ln4/\ln3 = 1.2618\cdots$，這就說明了，科赫曲線的維數不是一個整數，而是一個小數或分數……。

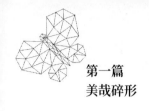

1.4 再回到碎形龍

現在我們用公式（1.3.1）來計算圖 1.4.1 中的碎形的
維數。

圖 1.4.1 謝爾賓斯基三角形

圖 1.4.1 所示的是另一種很簡單的碎形，因波蘭數學家
瓦茨瓦夫·謝爾賓斯基（Wacław Sierpiński）得名。謝爾賓
斯基主要研究的是數論、集合論及拓撲學。他共發表了超過
700 篇的論文並出版了 50 部著作，在波蘭的學術界很有威望
（圖 1.4.2）。

圖 1.4.2 為紀念謝爾賓斯基發行的郵票和謝爾賓斯基獎章

也許你原來怎麼也想不通維數為什麼會是一個分數，然而，謝爾賓斯基三角形兩種不同的生成過程能使你開竅！

謝爾賓斯基三角形這個碎形可以用兩種不同的方法產生出來：一種就是圖 1.4.1 那種去掉中心的方法。最開始的第一個圖形是個塗黑了的三角形，顯然是個二維的圖形。我們對它做的疊代變換就是挖掉它中心的三角形，成為第二個圖，然後再繼續挖下去……。

看起來無論怎麼挖，不都還是很多二維的小三角形嗎？所以圖形總是二維的……但後來，我們發現有另外一種方法也能構成謝爾賓斯基三角形。

這種方法是從圖 1.4.3 中左邊第一條曲線開始疊代，疊代無限次之後，最後也得到謝爾賓斯基三角形。而曲線是一維的，按照我們原來那種典型的想法，謝爾賓斯基三角形好像又應該是一維圖形。所以事實上，有些圖形的維數用原來那種經典的方式不好理解，當進行無窮次疊代後，幾何圖形的性質發生了改變，維數也不同於原來生成圖形的維數了。看起來，謝爾賓斯基三角形的維數應該是一個介於 1 和 2 之間的數。但到底是多少呢？我們可以用 1.3 節中的計算碎形維數的公式，把這個分數算出來。

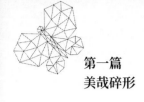

圖 1.4.3 由曲線的疊代生成謝爾賓斯基三角形

根據 1.3 節中所解釋的方法，從圖 1.4.1 或圖 1.4.3 右邊的最後一個圖計算碎形維數。將圖形按照 2：1 的比例縮小，然後，將 3 個小圖放在一起，就可以構成和原圖一模一樣的圖形。因此，我們可以很快算出謝爾賓斯基三角形的豪斯多夫維數 $d = \ln3 / \ln2 \approx 1.585$。

下面，我們再回頭研究碎形龍的維數。1.1 節的圖 1.1.3 描述了碎形龍的自相似性。從圖中看出：如果將碎形龍曲線尺寸縮小為原來的 $\frac{1}{2}$ 之後，得到圖（b）的小碎形龍曲線。然後，將 4 條小碎形龍曲線，分別旋轉方向，成為圖（c）。最後，再按照圖（c）中箭頭所指的方向，移動 4 條小碎形龍曲線，便拼成了與圖（a）一樣的碎形龍曲線。因此，可以證明，碎形龍曲線的豪斯多夫維數為 2，因為根據公式（1.3.1），$d = \ln4 / \ln2 = 2$。

這裡再給出了一個具體例子：經過無窮次疊代之後，圖形的性質發生了改變，豪斯多夫維數從 1 變成了 2。也就是說，圖 1.4.4 中，有限次疊代中的折線，無數次摺疊的結果，使折線充滿了二維空間，成為圖中右邊的二維圖形。

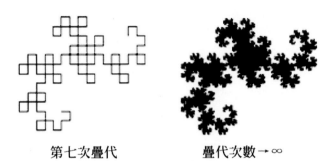

第七次疊代　　　　　　疊代次數→∞

圖 1.4.4 有限次疊代到無限次疊代：維數從 1 變成了 2

　　有趣的是，如圖 1.4.5 所示，碎形龍圖形的邊界也是一個可以用疊代法產生的碎形，現在我們來計算碎形龍邊界的豪斯多夫維數。

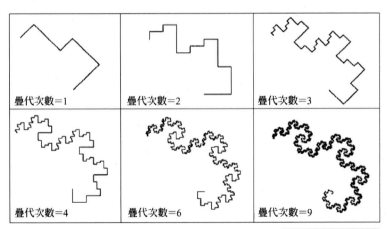

圖中的碎形龍邊界曲線，可以用右邊所示的變換生成：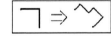

圖 1.4.5 碎形龍邊界構成的碎形

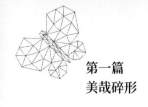

整個碎形龍曲線的邊界是由 4 個相似的圖形組成的（圖 1.4.6）。這種碎形的維數估算方法比較複雜一些，它的碎形維數 d 可以透過解如下方程式求得 [03，06]：

$$2 \times 2^{(-3/2)} d + 2^{(-1/2)} d = 1 \Rightarrow d = 1.523\ 627\ 085$$

圖 1.4.6 碎形龍邊界由 4 段自相似圖形組成

透過碎形龍及其他幾種簡單碎形，我們認識了碎形，理解了分數維。碎形幾何是理解混沌概念及非線性動力學的基礎，在現代科學技術中有著廣泛的應用。

▌ **1.5 大自然中的碎形**

歸納以上所述，碎形是具有如下幾個特徵的圖形：

1. 碎形具有自相似性。從前文的例子可以看出：碎形自身可以看成是由許多與自己相似的、大小不一的部分組成。

2. 碎形具有無窮多的層次。無論在碎形的哪個層次，總能看到有更精細的、下一個層次存在。碎形圖形有無限細節，可以不斷放大，永遠都有結構。

3. 碎形的維數可以是一個分數。

4. 碎形通常可以由一個簡單的遞迴、疊代的方法產生出來。

因為碎形可以由一個簡單的疊代法產生出來，電腦的發展為碎形的研究提供了最佳環境。比如說，如果給定了不同的初始圖形，不同的生成元，即疊代方法，利用電腦進行多次變換，就能很方便地產生出各種二維的碎形來（圖1.5.1）。

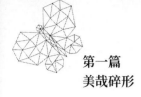

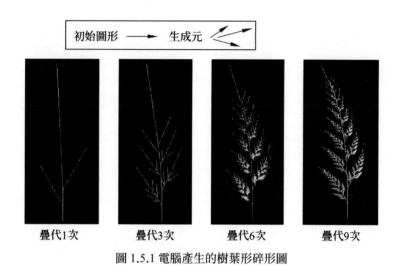

初始圖形 ── 生成元

疊代1次　　　疊代3次　　　疊代6次　　　疊代9次

圖 1.5.1 電腦產生的樹葉形碎形圖

　　圖 1.5.1 所示的樹葉碎形，在大自然中隨處可見，例如高山上拍到的蕨類植物（圖 1.5.2），圖中右邊的蕨類植物葉子與用電腦疊代法畫出來的碎形十分相似！

蕨類植物的枝和葉

圖 1.5.2 蕨類植物

其實，美麗的碎形圖案在自然界到處都存在。更多大自然的鬼斧神工表現出自然之美！我們經常在動物、植物的構造中發現一些令人驚嘆的圖形，覺得大自然太神奇了，現在才知道這就是數學家們所研究的「碎形」。

圖 1.5.3 是自然界中的碎形照片。其中有我們常見的閃電、花椰菜、貝殼的圖案式結構，還有老樹枯枝……。

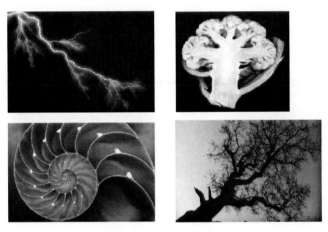

圖 1.5.3 大自然中的碎形

大自然中的碎形例子，將這個抽象的數學概念與生物科學連繫起來。比起傳統的歐氏幾何中所描述的平滑的曲線、曲面，碎形幾何更能反映大自然中存在的許多景象的複雜性。現在，當我們了解了碎形幾何後，看待周圍一切的眼光都和過去不一樣了。當我們仔細觀察周圍世界時，會發現許多類似碎形的事物。比如大至連綿起伏的群山、天空中忽聚忽散的白雲，

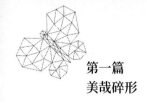

小至各種植物的結構及形態、遍布人體全身縱橫交錯的血管，它們都或多或少表現出碎形的特徵。比如山在我們眼中不再只是錐形；雲在我們眼中不再只是簡單的橢球形狀。在它們看似簡單的外表下，有著複雜的、自相似的層次結構。如果說，歐氏幾何是用抽象的數學模型對大自然做了一個最粗略的近似，那麼碎形幾何則對自然做出更精細的描述。碎形是大自然的基本存在形式，無處不在，隨處可見。

我們也從自然界的碎形中發現一個問題，前面說過，自相似性是碎形的重要特點，如圖 1.5.1 中，電腦產生出來的幾個圖形的確是嚴格自相似的。還有科赫曲線、謝爾賓斯基三角形，這些簡單碎形顯然都符合自相似的條件。但是，這些大自然的傑作，自相似性就不是那麼嚴格了，這是怎麼回事呢？

那是因為大自然並不是誰造出來的機器，其中的偶然因素太多了，使得產生出來的碎形沒有嚴格地遵循自相似性。況且，後面我們會看到，即使是電腦產生出來的碎形圖形，也不是絕對要滿足嚴格的自相似性。為此，我們再回首一下碎形的發展歷史，也就是碎形的老祖宗曼德博的故事。

儘管早在 19 世紀，許多經典數學家已對按逐次疊代產生的圖形（如科赫曲線等）頗感興趣，並有所研究。但有關碎形幾何概念的創立及發展，卻是近三四十年的事。1973 年，美國 IBM[001] 的科學家曼德博（Benoit Mandelbrot）在法蘭西

---

[001]　IBM：International Business Machine Corporation，國際商業機器公司。

學術院講課時，首次提出了碎形幾何的構想，並創造了碎形（fractal）一詞。當時曼德博用海岸線為例子，提出一個聽起來好像沒有什麼意思的問題：英國的海岸線有多長？

英國的海岸線到底有多長呢？人們可能會不假思索地回答：只要測量得足夠精確，總是能得到一個數值吧。答案當然取決於測量的方法及用這些方法測量的結果。但問題在於，如果用不同大小的度量標準來測量，每次會得出完全不同的結果。度量標準的尺度越小，測量出來的海岸線的長度會越長！這顯然不是一般光滑曲線應有的特性，倒是有些像我們在前面章節中所畫的科赫曲線。看看圖 1.2.2，如果把圖（a）中曲線的長度定為 1 的話，圖（b）、圖（c）、圖（d）中曲線的長度分別為 4/3、16/9 和 64/27，長度越來越長了，以至於無窮。這與用不同的標準來測量海岸線的情況類似。也就是說，用以測量海岸線的尺度越小，測量出的長度就會越大，並不會收斂於一個有限固定的結果。

因此，實際上，海岸線不完全類似於我們上面所舉的簡單線性碎形，它的長度將隨著測量尺度的減小而趨於無窮！

不過事實上，海岸線與科赫曲線又很相似。科學家們應用我們敘述過的估算碎形維數的方法，以及逐次測量英國的海岸線所得的結果，居然算出了英國海岸線的碎形維數，它大約等於 1.25。這個數字與科赫曲線的碎形維數很接近。因此，英國海岸線是一個碎形，任何一段的長度都是無窮的。

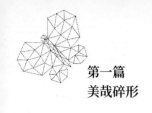

這真是一個令人吃驚的答案！

我們在前面幾節中所討論的碎形例子，都是由線性疊代產生的。它們所具有的自相似性叫做線性自相似性。也就是說，將原來的圖形，經過縮小、旋轉、反射等線性變換之後，能再組合成原來的圖形。除了這種由簡單的線性疊代法生成的碎形之外，還有另外兩種重要的生成碎形的方法：第一種與隨機過程有關，即線性疊代與隨機過程相結合；第二種是用非線性的疊代法。

自然界中常見的碎形，諸如海岸線、山峰、雲彩等，更接近於由隨機過程生成的碎形。有一種很重要的與隨機過程有關的碎形就是如圖 1.5.4 所示的碎形，叫做擴散極限凝聚（diffusion-limited aggregation）。這種碎形模型常用來解釋人們常見的閃電的形成及石頭上的裂紋形態等現象。

要估算隨機過程生成的碎形維數或者非線性疊代碎形的維數，就不像計算線性碎形維數那麼簡單了。

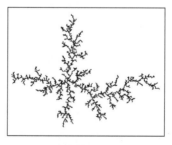

圖 1.5.4 擴散置限凝聚圖

▌ 1.6 碎形之父的啟示

最美麗、最令藝術家們著迷的碎形大多數是用非線性疊代法產生的，如以數學家曼德博命名的曼德博圖便是由非線性疊代方法產生的碎形。

圖 1.6.1 曼德博正在為大眾演講

曼德博算是美國數學家（圖 1.6.1），雖然他是出生於波蘭的立陶宛猶太家庭的後裔，但 12 歲時就隨全家移居巴黎，之後的大半生都在美國度過。曼德博是一位成衣批發商和牙醫的兒子，幼年時喜愛數學，迷戀幾何。後來，他的研究範圍非常廣泛，他研究過棉花價格、股票漲跌、語言學詞彙分

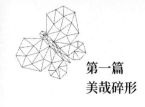

布等，從物理學、天文學、地理學到經濟學、生理學……都
有所涉及。他一直在 IBM 做研究，又曾在哈佛大學教經濟
學，在耶魯大學教工程，在愛因斯坦醫學院教生理學。也許
正是這些似乎風馬牛不相及、看起來沒有交集的多個領域的
研究經驗，使他創立了跨學科的碎形幾何。

　　1975 年夏天，一個寂靜的夜晚，曼德博正在思考他在宇
宙學研究領域中碰到的一種統計現象。從 1960 年代開始，
這種看似雜亂無章、破碎不堪的統計分布現象就困擾著曼德
博，在人口分布、生物進化、天象地貌、金融股票中都有它
的影子。而在 1974 年，曼德博針對宇宙中的恆星分布（如
康托爾塵埃）提出了一種數學模型。用這種模型可以解釋奧
伯斯悖論，而不必依賴大爆炸理論。可是，這種新的分布模
型卻還沒有一個名正言順且適合它的名字！這種統計模型像
什麼呢？有些類似在 1938 年時，捷克的地理和人口學家亞羅
米爾·可卡克（Jaromír Korcák）發表的論文〈兩種類型統計
分布〉中提到過的那種現象。曼德博一邊冥思苦想，一邊隨
手翻閱著兒子的拉丁文字典。突然，一個醒目的拉丁詞彙躍
入他的眼中：fractus。字典上對這個詞彙的解釋與曼德博腦
海中的想法不謀而合：「分離的、無規則的碎片」。太好了，
那就是些分離的、無規則的、支離破碎的碎片！ fractal（碎
形）這個名詞就此誕生了！

之後，曼德博又研究和描述了曼德博集合。他用從支離破碎中發現的「碎形之美」改變了我們的世界觀，他致力於向大眾介紹碎形理論，使碎形的研究成果廣為人知。由此，他被譽為 20 世紀後半葉少有的、影響深遠廣泛的科學偉人之一。1993 年，身為美國科學院院士的曼德博獲得沃爾夫物理學獎。

曼德博 1975 年出版了《大自然的碎形幾何學》（*The Fractal Geometry of Nature*）一書，這本書為碎形理論及混沌理論奠定了數學基礎。對學術界內外的讀者來說，是一本認識碎形的好書。書中有幾句著名的話 [07]：

「雲不只是球體，山不只是圓錐，海岸線不是圓形，樹皮不是那麼光滑，閃電傳播的路徑更不是直線。它們是什麼呢？它們都是簡單而又複雜的『碎形』……」。

曼德博被稱為「碎形之父」，但當初他研究的那些零散、破碎的現象可不是什麼熱門的學問。

難怪曼德博經常自稱是個學術界的「游牧民族」。他長期躲在一個不時髦的數學角落裡，遊蕩跋涉在各個看似不相干的正統學科之間的狹隘巷道中，試圖從破碎裡找到規律，從空集中發現真理。據說曾有人對曼德博的研究嗤之以鼻，認為他只不過是為碎形取了個名字而已。這些所謂正統數學家們仰天一笑，說：「把他算什麼家都可以，就是不算數

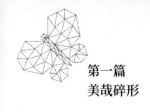
學家。」為什麼呢？因為「翻遍他的大部分巨著，找不出一個像樣的數學公式！」這些自命博學的專家們沒有搞清楚，引領任何科學發展的，從來都是偉大的思想而不是煩瑣的公式，即便數學也是如此。

後來，反例迅速發展成新學科，小溪逐漸融進了主流，碎形幾何以及與其相關的非線性理論，影響遍及科學和社會的每個角落，甚至遠遠超越了數學、超越了學術界的範圍。古人說：「它山之石，可以攻玉」。曼德博不愧為「改變人類對世界認識的里程碑式人物」。他用碎形幾何這塊小石頭，敲遍了各門學科中與其相關的難攻之玉，這也可算是碎形之父的故事為我們研究學問之人留下的最大啟迪。

著名的理論物理學家約翰·惠勒（John Wheeler）高度且精闢地評價曼德博的著作：「今天，如果不了解碎形，不算是一個科學文化人。」他又說：「自然的碎形幾何使我們視野開闊，它的發展將導致新思想，新思想又導致新應用，新應用又導致新思想……」猶如碎形本身一樣，隨之產生的新思想和新應用將循環往復，層出不窮……。

2010 年 10 月 14 日，曼德博因胰腺癌在麻薩諸塞州劍橋逝世，享年 85 歲。他離世之後，法國總統薩科吉（Nicolas Sarközy）稱其具有「從不被革新性的驚世駭俗的猜想所嚇退的強大而富有獨創性的頭腦」。

▌1.7 魔鬼的聚合物 —— 曼德博集合

　　圖 1.7.1 的曼德博集合可稱是人類有史以來做出的最奇異、最瑰麗的幾何圖形，被稱為「上帝的指紋」、「魔鬼的聚合物」。

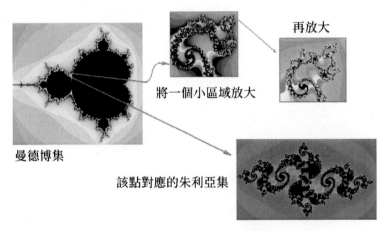

再放大

將一個小區域放大

曼德博集

該點對應的朱利亞集

圖 1.7.1 曼德博集合所形成的圖形

　　用電腦程式可以產生曼德博集合和朱利亞集合各式各樣迷人的美麗圖案（圖 1.7.2）。人們充分利用電腦的運算能力和影像顯示功能，快速生成、隨意放大，觀看各種美妙圖形。並且，不管你把圖案放大多少倍，好像總還有更加複雜

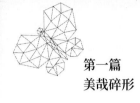

的區域性，圖案結構變換無窮，有的地方像日冕，有的地方像燃燒的火焰。放大的部分既與整體不同，又有某種相似的地方，與 1.7 節中展示的那些自然界的碎形類似，圖形是自相似的，但又並不完全滿足嚴格的自相似性。這些漂亮的花紋被廣泛地用在圖案設計中。

圖 1.7.2 用曼德博 - 朱利亞圖形設計的絲巾圖案（紅線勾出的圖形與圖
1.7.1 右下圖的朱利亞集合相似）

讀者可能會以為，能畫出這麼複雜的圖形，使用的數學公式一定很複雜，電腦程式也必定很難寫，但事實並非如此。下面我們就簡單介紹一下曼德博集合（朱利亞集合）是如何用電腦程式生成。

美妙複雜變換無窮的曼德博集合圖形只是出自於一個很簡單的非線性疊代公式：

$$Z_{n+1} = Z_n^2 + C \qquad\qquad (1.7.1)$$

我們首先解釋什麼叫非線性疊代。

公式（1.7.1）中的 Z 和 C 都是複數。我們知道，每個複數都可以用平面上的一個點來表示：比如 x 座標表示實數部分，y 座標表示虛數部分。開始時，平面上有兩個固定點：C 和 Z_0，Z_0 是 Z 的初始值。為簡單起見，取 $Z_0 = 0$，於是有：$Z_1 = C$。我們將每次 Z 的位置用亮點表示。也就是說，開始時平面上原點是亮點，一次疊代後亮點移到 C。爾後，根據公式（1.7.1），可以計算 Z_2，它應該等於 $C \times C + C$，亮點移動到 Z_2。再計算 Z_3，Z_4，…，一直算下去。就像我們在前面幾節中所說的用圖形來做線性疊代一樣。只不過這次疊代要進行複數計算，而且用到平方運算，不是線性的，所以叫做非線性疊代。

隨著一次次的疊代，代表複數 Z 的亮點在平面上的位置不停地變化。我們可以想像，從 Z_0 開始，Z_1，Z_2，…，Z_k，

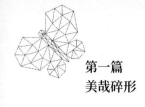

亮點會跳來跳去。也許很難看出它的跳動有什麼規律，但是，我們感興趣的是當疊代次數 k 趨於無窮大的時候，亮點的位置會在哪裡。

說得更清楚些，我們感興趣的只是：無限疊代下去時，亮點的位置趨於兩種情形中的哪一個？是在有限的範圍內打轉呢？還是將會跳到無限遠處不見蹤影？因為 Z 的初始值固定在原點，顯然地，無限疊代時 Z 的行為取決於複數 C 的數值。

這樣一來，我們便可以得出曼德博集合的定義：所有使得無限疊代後的結果能保持有限數值的複數 C 的集合，構成曼德博集合。在電腦生成的圖 1.7.1 中，右下圖中用黑色表示的點就是曼德博集合。

在電腦上處理疊代時，不可能做無限多次，所以實際上，當 k 達到一定的數目時，就當作是無限多次了。判斷 Z 是否保持有限，也是同樣的意思。當 Z 離原點的距離超過某個大數，就算作無窮遠了。

如果我們想仔細觀察曼德博集合的邊界，可以將電腦螢幕上的曼德博圖放大再放大。剛才說過，圖中的黑點屬於曼德博集，但你會發現，無論你放大多少次，你都不會看到有一條明確的黑白（及其他顏色）分界線。在任何一個放大了的圖中，你總是看見黑點和非黑點混在一起。

也就是說，這個曼德博集的邊界有著令人吃驚的複雜結構，沒有一條清晰的邊界。屬於曼德博集合的點和非曼德博集合的點，以很不一般的方式混合在一起，你中有我，我中有你，一點也不黑白分明。這也正是這種碎形的重要特徵之一。

那麼還有一個問題：如果只是區分曼德博集合和非曼德博集合，黑、白兩種顏色就夠了，為什麼在曼德博圖案中，又有如此多的五彩繽紛的顏色呢？

原來，之所以有各種顏色，是因為公式（1.7.1）不同的 C 值，設定了不同的 C 值後，將公式中的 Z 從 0 開始作疊代。如果在多次疊代（比如 64 次）後，Z 距離原點的距離 D 小於 100，我們認為這個 C 值屬於曼德博集合，便將這個 C 點塗黑色……而其他的各種顏色則用以表示無限疊代後的結果趨向無窮的不同層次。

比如，對最後的 Z 與原點距離 D 大於 100 的那些 C 點，可以這樣塗顏色：

$500 \geq D > 100$，C 點塗綠色；

$1000 \geq D > 500$，C 點塗藍色；

$1500 \geq D > 1000$，C 點塗紅色；

$D > 1500$，C 點塗黃色

這樣就產生出色彩斑斕、無比美麗的曼德博圖形來了。

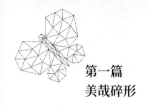

1.8 朱利亞的故事

什麼是朱利亞集合呢？它和曼德博集合有何關係？（圖 1.8.1）

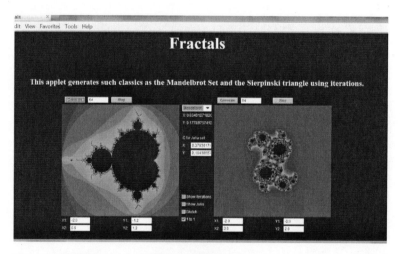

圖 1.8.1 曼德博集（左）與對應於曼德博圖形中（$x = 0.379$，$y = 0.184$）處的朱利亞集（右）

曼德博圖形上的每一個不同的點，對應一個不同的朱利亞集，朱利亞集和曼德博集是有密切關係的，它們互為「親戚」。

那麼，曼德博圖形上的每一個點是什麼呢？這點我們在 1.7 節已經解釋過了，它代表疊代公式（1.7.1）中不同的 C 值。因

此，給定一個 C 值，就能產生一個朱利亞集。的確，朱利亞集是用與曼德博集同樣的非線性疊代公式（1.7.1）產生的：

　　不同的是，產生曼德博集時，Z 的初值固定在原點，用 C 的不同顏色來標示軌道的不同發散性；而產生朱利亞集時，則將 C 值固定，用 Z 的初始值 Z_0 的顏色來標示軌道的不同發散性。

　　儘管朱利亞和曼德博的名字總是連在一起，但他們卻是不同時代的人。朱利亞（Gaston Julia）是法國數學家（圖1.8.2），比曼德博要早上約 30 年。曼德博直到 2010 年才去世。兩個人都活到 85 歲的高齡，曼德博被譽為碎形之父，成就廣為人知。然而，早在曼德博尚未出生之前，朱利亞就已經詳細研究了一般有理函數朱利亞集合的疊代性質。

圖 1.8.2 法國數學家朱利亞

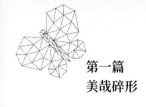

　　朱利亞的一生喜憂參半，尤其是在青年時代，可謂飽嘗痛苦和艱辛。他出生於阿爾及利亞，8 歲時第一次進小學就直接就讀 5 年級，很快便成為班上最優秀的學生，可謂神童。後來，18 歲的朱利亞獲得獎學金到巴黎學習數學。但這個年輕人的生活不太順遂，後來法國捲進了第一次世界大戰，21 歲的朱利亞在從軍期間，臉部被子彈擊中，受了重傷，被炸掉了鼻子！

　　多次痛苦的手術仍然未能修補好朱利亞的臉部，因此他一直在臉上掛著一個皮面具遮掩。但後來他以頑強的毅力潛心研究數學，在住院的幾年間完成了他的博士學位論文。1918 年是朱利亞災難結束、走好運的一年。這年他 25 歲，在《純粹與應用數學雜誌》（*Journal de Mathématiques Pures et Appliquées*）上發表了描述函數疊代、長達 199 頁的傑作，因而一舉成名。此外，這一年他與長期照顧他的護士瑪麗安·肖松（Marianne Chausson）結婚，他們婚後育有 6 個孩子。

　　雖然朱利亞在數學的很多領域都有貢獻，在幾何分析理論等方面為世人留下了近 200 篇論文、30 多本書，1920 年代更以其對朱利亞集合的研究引起數學界關注，名噪一時。但不幸的是，過了幾年，這個有關疊代函數的工作似乎完全被人們遺忘了，一直到了 1970 至 80 年代，由曼德博所奠基

的碎形幾何及與其相關的混沌概念被廣泛應用到各個領域之後，朱利亞的名字才隨著曼德博的名字傳播開來。這類事情在數學及物理學的發展史上屢見不鮮，就如黎曼幾何因為廣義相對論而被大家熟悉一樣。

　　從朱利亞集的生成過程可以看出：對應於曼德博集中的每一個點都有一個朱利亞集。比如說，點選曼德博集上的零點（對應的 C 值為 0），這時候做上述疊代產生的朱利亞集是個單位圓。

　　圖 1.8.3 顯示出不同的朱利亞集（周圍 8 個小圖）。它們分別對應於曼德博集（中間的大圖）中不同的點。

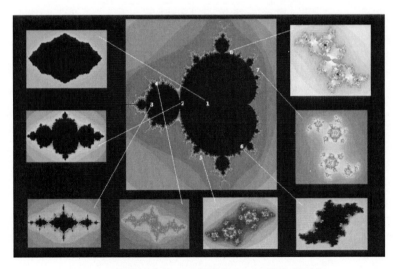

圖 1.8.3 曼德博集中不同的點對應不同的朱利亞集

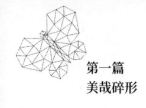

　　綜上所述，我們了解了美妙的曼德博集和朱利亞集圖形的產生過程。這種非線性疊代法產生的碎形不僅以其神祕複雜、變換多姿受到藝術家們的寵愛，博得數學及電腦愛好者們的青睞，也推動了與此緊密相關的混沌理論及非線性動力學的發展。以至於人們將後者譽為 20 世紀之內可與相對論、量子力學媲美的科學的第三次革命。1990 年代，學術各界，包括科技、藝術、社會、人文，幾乎每個領域都有涉及碎形的研究：股市專家們在市場的龐大數據中尋找自相似性，音樂家們要聽聽按照碎形規則創造的旋律是否更具神祕感。

　　正如一句西方諺語所說：「在木匠看來，月亮也是木頭做的。」每個人都用自己的方式來理解世界。雖然各領域對碎形的認識也許大相逕庭，但對這種新型科學的熱情卻是一致的。

第二篇
奇哉混沌

　　大自然和藝術中展現的碎形之美讓人目不暇給，而科學技術中發現的「混沌」現象更是令專家學者們驚奇讚嘆，因為它們從另一個全新的角度，揭示了與決定論思想不同的大自然的運動規律。我們在本篇中，首先為讀者介紹混沌理論不平常的建立及發展過程。

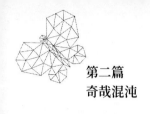

▌2.1 拉普拉斯惡魔

　　碎形的確太奇妙了，尤其是電腦產生的影像，真可算是一門特別的藝術！然而，碎形與科學有什麼關係呢？讀者也許注意到，在很多文章中，碎形總是和混沌連繫在一起，混沌是科學中常見的現象。所以也可以說，混沌現象是碎形在現實中的表現。

　　什麼叫混沌？要用一個簡單的方法來講清楚混沌理論是很困難的。不過，我們的老祖宗早就使用混沌這個詞來描述和表達古代中國人的宇宙觀了：

　　「天地混沌如雞子，盤古生其中。」

　　盤古開天闢地是我們十分熟悉的神話，無愧於古中國幾千年的文明，古代人早就意識到人們有序的文明社會是誕生於混沌之中：「天地混沌如雞子」有點像現代物理學所描述的宇宙大霹靂之初的世界。

　　不過，盤古開天地的故事只說了一半，說的是有關人們過去的那一半。就算宇宙的過去是天地混沌一片吧。宇宙的未來如何呢？預測未來總是比探討過去更具誘惑力和實用性。不是嗎？氣象預報讓你能未雨綢繆，預測股市的走向可

能使你發大財，研究未來的學者文人頗受人尊重。

我們將要解釋的混沌理論，就與預測未來有點關係。

其實，科學的目的之一就是要解釋世界、放眼未來。問題是這些「未來事件」在什麼條件下可以被預測？在多大程度上可以被預測？有先見之明者能有多少遠見？預測的準確性又如何？常言道：「天有不測風雲，人有旦夕禍福。」利用今後日新月異的科學技術，是否就能完全預知將要發生的「旦夕禍福」與「不測風雲」以及未來的一切呢？這一類有關「將來」的問題，用現今學術的語言來說，叫做「研究一個動力系統的長期行為」。

1975 年，美國數學家約克（James Yorke）和他的華裔研究生李天岩，將「混沌」這個詞賦予科學的定義，用以描述某些系統長期表現的奇異行為。因此，這裡我們將討論的混沌理論，有別於通常意義上的混沌，有別於盤古開天地時的混沌。它探索的課題，與「世界的可知／不可知」這類哲學問題有關……

混沌理論研究的是一個動力系統的長期行為。我們重溫一下曼德博圖是如何畫出來的。那時我們考慮的是一個非線性方程式在進行無限次疊代後，結果產生的不同行為。對於不同的初始值，無限次疊代後的結果將不一樣，有些跑到無窮遠處，有些保持有限數值。事實上，在碎形中「無限次疊

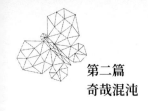

代後的行為」就相當於混沌理論中所說的「長期行為」!

我們所做的「無限次疊代」的操作,反映在生物學中,或者說反映在自然界動物、植物的形態上,就是代代相傳。傳承中,既有繼承自相似性的遺傳因素,也有因隨機偶然因素引起的變異,一代又一代地綿延下去,形成了大自然中處處可見的碎形結構。

疊代表達了「一代代」,也就是時間的概念,而我們在寫碎形程式時所用的疊代方程式,就對應於物理系統遵循的物理規律。如果疊代的長期行為出現混沌,就是說方程式表達的物理規律導致了混沌現象。那麼,什麼樣的物理理論會導致混沌呢?以我們大家熟知的牛頓力學定律為例,從牛頓定律也可能得出混沌嗎?是的,例如著名的「三體問題」。牛頓力學中的混沌現象也啟發了人們對「決定論」的哲學思考。

世界到底是決定論的,還是非決定論的?是可預測的,還是不可預測的?這一直是令古今中外的學者、哲人們困惑和爭論的基本問題。300多年前牛頓力學的誕生是科學史上的一個重要的里程碑。牛頓主義的因果律和機械決定論認為:世界是可以精確預測的。根據牛頓物理學,宇宙似乎可以被想像成一個巨大的機器,其中的每個事件都是有序的、規則的及可預測的。牛頓三大定律似乎放之四海而皆準,用

於萬物無不可。有了運動方程式，只要初始條件給定了，物體的運動軌跡則應該完全可知、可預測，直到宇宙毀滅的那一天。

可以想像，這樣一個決定論的、簡單的、井井有條的、可預測的、似乎已經完美無缺的理論體系和世界圖景是何等誘人，它使當年的科學界人士歡呼雀躍、陶醉不已，以至於連神學界主宰一切的上帝也想來插一手。因此，在牛頓力學的時代，宿命論、神祕主義甚囂一時。天才的牛頓也未能免俗，認為造物主實在偉大非凡，造出的世界精妙絕倫、天衣無縫。因此，晚年的牛頓潛心研究神學。

牛頓走了，拉普拉斯來了。拉普拉斯（Pierre-Simon La-place）也醉心於牛頓力學完美的理論體系，他把萬有引力定律應用到整個太陽系，研究太陽系及其他天體的穩定性問題，被譽為「天體力學之父」。不過，和牛頓不一樣，拉普拉斯並不將功勞歸之於上帝，而是把上帝趕出了宇宙。

拿破崙看過拉普拉斯所寫的《天體力學》（*Traité de mé-canique céleste*）一書之後，奇怪其中為何隻字未提上帝。拉普拉斯自豪地說了一句話，令拿破崙目瞪口呆。拉普拉斯說：「我不需要上帝這個假設！」

拉普拉斯不相信上帝的存在，卻仍然堅信決定論（圖2.1.1）。他不需要假設上帝存在並造出了宇宙，但他卻假設

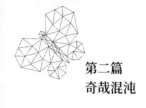

有某個智者，後人稱為「拉普拉斯惡魔」的東西，能完全計算出宇宙的過去和未來。當年的阿基米德（Archimedes）對國王說：「給我一個支點，我就能撐起地球！」拉普拉斯仿效阿基米德的口氣，對世人立下這樣的豪言壯語：

圖 2.1.1 宣稱決定論的拉普拉斯

「假設知道宇宙中每個原子現在的確切位置和動量，智者便能根據牛頓定律，計算出宇宙中事件的整個過程！計算結果中，過去和未來都將一目了然！」

過去和未來，盡在拉普拉斯惡魔的掌控之中，這代表了拉普拉斯信奉的決定論哲學。

不可否認，決定論的牛頓力學迄今為止已取得，也必將繼續取得輝煌的成就。它是人類揭開宇宙奧祕、尋找大自然秩序的漫漫長途上的一個偉大的里程碑。它曾用簡單而精確的計算結果，預測了海王星、冥王星的存在及其他天體的運動；又以具普適性而優美的數學表述，對各種地面物體的複

雜現象做出了統一的解釋。藉助牛頓力學，人類發明了各類機械裝置，設計了各種運載火箭，並把太空梭送到了宇宙空間。縱觀周圍環繞我們的事物：穿梭於雲層裡的飛機、高速公路上飛駛的汽車、城市中高聳入雲的摩天大樓、遍布全球的鐵路橋梁，無一不包含著牛頓力學的功勞。

繼拉普拉斯之後，19世紀物理學發現的不可逆過程、熵增加定律等，已經使拉普拉斯惡魔的預言成為不可能。再之後，量子力學中的不確定性原理（亦稱測不準原理），以及混沌理論所展示的確定性系統出現內在隨機過程的可能性，更是給了決定論致命的一擊。

任何理論都毫無例外地有其局限性。20世紀初期的量子物理和相對論的發展打破了經典力學的天真。相對論挑戰了牛頓的絕對時空觀，量子力學則質疑微觀世界的物理因果律。根據量子力學中海森堡（Werner Heisenberg）的不確定性原理，在同一時刻，你不可能同時獲知某個粒子的精確位置和它的精確動量；你也無法分兩步來測量，因為對於微觀世界而言，測量本身就已經改變了被測量物的狀態。所以拉普拉斯所需要的數據是不可能精確得到的，自然也不可能存在可以預知一切的物理學理論。

量子力學的規律揭示了微觀世界的不可預測性，混沌理論則從根本上否定了事件的確定性，把非決定論推至成熟。

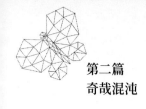

第二篇
奇哉混沌

混沌現象表明，避開微觀世界的量子效應不說，即使在只遵循牛頓定律的、通常尺度下的、完全決定論的系統中，也可以出現隨機行為。除了廣泛存在的外在隨機性之外，確定論系統本身也普遍具有內在的隨機性。也就是說，混沌能產生有序，有序中也能產生隨機的、不可預測的混沌結果。即使某些決定的系統，也表現出複雜的、奇異的、非決定的、不同於經典理論可預測的那種長期行為。

從另一個角度說，混沌理論揭示了有序與無序的統一、確定性與隨機性的統一，使得決定論和機率論，這兩大長期對立、互不相容的對於統一的自然界的描述體系之間的鴻溝正在逐步消除。有人將混沌理論與相對論、量子力學同列為 20 世紀的最偉大的三次科學革命，認為牛頓力學的建立象徵科學理論的開端，而包括相對論、量子物理、混沌理論三大革命的完成，則象徵科學理論的成熟。

▌2.2 羅倫茲的困惑

　　物理學與哲學密切相關，但物理學畢竟不是哲學。經典力學為何能推導出決定論？混沌理論又是怎樣證明一個決定論的系統也可以出現隨機的行為呢？讓我們從混沌理論的著名代表 —— 羅倫茲吸子講起（圖 2.2.1）。

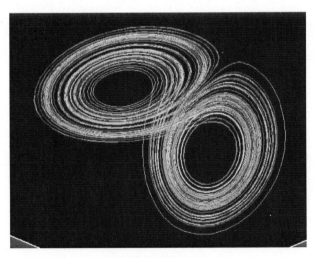

圖 2.2.1 羅倫茲吸子

　　愛德華・諾頓・羅倫茲（Edward Norton Lorenz）是一位在美國麻省理工學院（Massachusetts Institute of Technology，

MIT）做氣象研究的科學家。1960 年代初，他試圖用電腦來模擬影響氣象的大氣流。當時，他用的還是由真空管組成的電腦，那可是個占據了整間實驗室的龐然大物啊。那臺機器雖然大，但計算速度卻遠不及人們現在用的電腦。因此，可想而知，羅倫茲沒日沒夜地辛苦工作。嚴謹的科學家不放心只算了一次的結果，決定再做一次計算。為了節約一些時間，他稍微改變了一些計算過程，決定利用一部分上次得到的結果，省略掉前一部分計算。

因此，那天晚上，他辛辛苦苦地工作到深夜，直接將上一次計算得出的部分數據一個一個打到穿孔卡上，再輸入電腦中。好，一切就緒了，開始計算！羅倫茲這才放心地回家睡覺去了。

第二天早上，羅倫茲興致勃勃地來到 MIT 電腦房，期待他的新結果能驗證上一次的計算。可是，這第二次計算的結果令羅倫茲大吃一驚：他得到了一大堆和第一次結果完全不相同的數據！換句話說，結果 1 和結果 2 千差萬別！

這是怎麼回事呢？羅倫茲只好再計算一次，結果仍然如此。再回到第一種方法，計算後還是得到原來的結果 1。羅倫茲翻來覆去地檢查兩種計算步驟，又算了好幾次，方法 1 總是得出結果 1，方法 2 總是得出結果 2。兩種結果大大不同，必定是源自於兩種方法的不同。但是，兩種方法中，最

後的計算程序是完全一樣的，唯一的差別是初始數據：第一種方法用的是電腦中儲存的數據，而第二種方法用的是羅倫茲直接輸入的數據。

這兩組數據應該一模一樣啊！羅倫茲經過若干次的檢查和驗證，盯著一個個數字反反覆覆地看。啊，終於發現了！兩組數據的確稍微有所不同，若干個數據中，有那麼幾個數字被四捨五入後，有了一個微小的差別。

難道這麼微小的差別（比如 0.000127）就能導致最後結果產生如此大的不同嗎？羅倫茲百思不得其解。

圖 2.2.2 中顯示的是與羅倫茲氣象預報研究有關的結果。其中橫座標表示時間，縱座標表示羅倫茲所模擬的，也就是想要預報的氣候中的某個參數值，比如說大氣氣流在空間某點的速度、方向，或者是溫度、溼度、壓力之類的變數等。根據初始值以及描述物理規律的微分方程式，羅倫茲數位模擬這些物理量的時間演化過程以達到預報的目的。但是，羅倫茲發現，初始值的微小變化，都會隨著時間增加而被指數放大；如果初始值稍稍變化，就使得結果大相逕庭的話，這樣的天氣預報還有實際意義嗎？

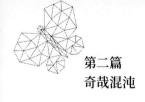

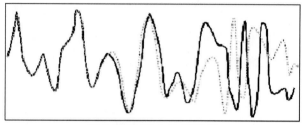

羅倫茲的兩次計算結果

圖 2.2.2 實線和虛線分別是羅倫茲的兩次計算過程：初始值的微小差別，
導致最後的結果完全不同

　　這也就難怪，在電腦能力不足的那個年代，氣象臺播放的氣象預報經常不準，因而招來罵聲一片。那是因為影響氣象的因素實在太多了，況且還有羅倫茲發現的那種「初始值的微小變化，隨著時間增加而被指數放大」的情況發生，氣象臺怎麼可能準確地預報呢？

　　圖 2.2.2 中曲線的意思比較容易理解，但是圖 2.2.1 中所示的曲線又是怎麼得來的呢？那條曲線沒完沒了的繞圈圈，這與羅倫茲的氣象預報計算有什麼關係？讓我們繼續講完羅倫茲的故事，你就明白了。

　　當時的羅倫茲雖然甚感困惑，卻未必意識到了這個偶然發現的重要性，也不一定能想到與此相關的混沌型解將在非線性動力學中掀起一場軒然大波。儘管如此，羅倫茲畢竟是一位在數學方面訓練有素的科學家。實際上，羅倫茲年輕時在哈佛大學主修數學，只是因為後來爆發了第二次世界大

戰，他才服役於美國陸軍航空隊，當了一名天氣預報員。沒想到經過戰爭期間這幾年與氣象打交道的生涯後，羅倫茲喜歡上了這個專業領域。戰後，他便轉換跑道，到 MIT 專攻氣象預報理論，之後又成為 MIT 的教授。利用他的數學頭腦，還有當時初露鋒芒的電腦和數據計算技術，來更準確地預測天氣，這是羅倫茲當時夢寐以求的理想。

可是，這兩次計算結果千差萬別，這種結果對初始值的敏銳性質宛如給了懷揣美好理想的羅倫茲當頭一棒！使羅倫茲感覺自己在氣象預報工作中似乎山窮水盡、無能為力了。為了走出困境，他繼續深入研究下去。然而，越是深究，羅倫茲越感覺他「準確預測天氣」的理想是實現不了的！因為當他研究他的微分方程組的解的穩定性時，發現一些非常奇怪和複雜的現象。

羅倫茲以他非凡的抽象思維能力，將氣象預報模型裡的上百個參數和方程式，簡化到如下這個僅由 3 個變數及時間係數完全決定的微分方程組。

$$\mathrm{d}x/\mathrm{d}t = 10(y - x) \qquad\qquad (2.2.1)$$

$$\mathrm{d}y/\mathrm{d}t = Rax - y - xz \qquad\qquad (2.2.2)$$

$$\mathrm{d}z/\mathrm{d}t = (8/3)z + xy \qquad\qquad (2.2.3)$$

這個方程組中的 x、y、z，並非任何運動粒子在三維空間的座標，而是 3 個變數。這 3 個變數由氣象預報中的諸多物

理量,如流速、溫度、壓力等簡化而來。公式(2.2.2)中的
Ra 在流體力學中叫做瑞利數,與流體的浮力及黏滯性等性質
有關。瑞利數的大小對羅倫茲系統中混沌現象的產生至關重
要,以後還會談到。

這是一個無法用解析方法求解的非線性方程組。羅倫茲
設瑞利數 $Ra = 28$,然後利用電腦反覆疊代,即首先從初始
時刻 x、y、z 的一組數值 x_0、y_0、z_0 計算出下一個時刻它們的
數值 x_1、y_1、z_1,再算出下一個時刻的 x_2、y_2、z_2、……如此
不斷地進行下去。將逐次得到的 x、y、z 瞬時值,畫在三維
座標空間中,這便描繪出了圖 2.2.1 的奇妙而複雜的羅倫茲
吸子圖。

▎**2.3 奇異吸子**

為了解釋什麼叫吸子，或者說，什麼叫動力系統的吸子。我們首先得弄清楚「系統」這個概念。

什麼是系統？簡單地說，系統是一種數學模型，是用以描述自然界及社會中各類事件的，由一些變數及若干方程式構成的一種數學模型。世界上的事物儘管千變萬化、繁雜紛紜，但在數學家們的眼中，在一定的條件下，都不外乎是由幾個變數和這些變數之間的關係組成的系統。在這些系統模型中，變數的數目可多可少，服從的規律可簡可繁，變數的性質也許是確定的，也許是隨機的，每個系統又可能包含另外的子系統。

由系統性質的不同，又有了諸如決定性的系統、隨機系統、封閉系統、開放系統、線性系統、非線性系統、穩定系統、簡單系統、複雜系統等一類的名詞。

例如地球環繞太陽的運動，可近似為一個簡單的二體系統；密閉罐中的化學反應，可當成趨於穩定狀態的封閉系統。每一個生物體，都是一個自適應的開放系統；人類社會、股票市場，則可作為複雜的、隨機系統的例子。

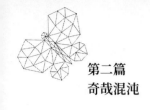

第二篇
奇哉混沌

　　無論是何種系統，大多數的情形下，我們感興趣的是系統對時間的變化，稱其為動力系統研究。這是理所當然的，誰會去管那種固定不變的系統呢？研究系統對時間變化的一個有效且直觀的方法就是利用系統的相空間。一個系統中的所有獨立變數構成的空間叫做系統的相空間。相空間中的一個點，確定了系統的一個狀態，對應於一組給定的獨立變數值。研究狀態點隨著時間在相空間中的運動情形，則可看出系統對時間的變化趨勢，以及觀察混沌理論中最感興趣的動力系統的長期行為。

　　狀態點在相空間中運動，最後趨向的極限圖形，就叫做該系統的吸子。

　　換句通俗的話說，吸子就是一個系統的最後歸屬。

　　舉幾個簡單的例子會更易於說明問題。一個被踢出去的足球在空中飛了一段距離之後，掉到地上，又在草地上滾了一會兒，然後靜止停在地上；如果沒有其他情況發生，靜止不動就是它的最後歸屬。因此，這段足球運動的吸子，是它的相空間中的固定點之一。

　　人造衛星離開地面被發射出去之後，最後進入預定的軌道，繞著地球做二維週期運動，它和地球近似構成的二體系統的吸子，便是一個橢圓。

　　兩種顏色的墨水被混合在一起，它們經過一段時間的擴

散，互相滲透，最後趨於一種均勻混合的動態平衡狀態，如果不考慮分子的布朗運動，這個系統的最後歸屬 —— 吸子，也應該是相空間的一個固定點。

在發現混沌現象之前，也可以粗略地說，在羅倫茲研究他的系統的最後歸屬之前，吸子的形狀可歸納為如圖 2.3.1（a）所示的幾種經典吸子，也稱作正常吸子。

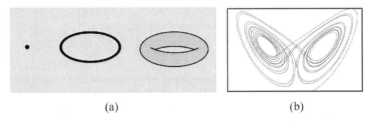

(a)   (b)

圖 2.3.1 經典吸子和奇異吸子
（a）3 種經典吸子；（b）奇異吸子

第一種是不動點吸子，這種系統最後收斂於一個固定不變的狀態；第二種是極限環吸子，這種系統的狀態趨於穩定振動，比如天體的軌道運動；第三種是極限環面吸子，這是一種似穩狀態。如圖 2.3.1（a）所示，一般來說，對應於系統的方程式解的經典吸子是相空間（簡單地被定義為位置加動量構成的空間）中一個整數維的子空間。例如固定點是一個零維空間，極限環是一個一維空間，而麵包圈形狀的極限環面吸子則是一個二維空間。

鐘擺是個簡單直觀的例子。任何一個擺，如果不為它不

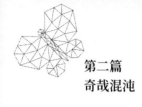

斷地補充能量的話，最終都會由於摩擦和阻尼而停止下來。也就是說，系統的最後狀態是相空間中的一個點。因此，這種情況下的吸子是第一種：固定點（有固定的位置和速度）。如果擺有能量來源，像掛鐘那樣有發條或電源，不停下來的話，系統的最後狀態是一種週期性運動。這種情況下的吸子就是第二種：極限環。剛才所說的擺，都只是在一個方向擺動，設想有一個擺，如果除了左右擺動之外，上面加了一個彈簧，於是就又多了一個上下的振動，這就形成了擺的耦合振盪行為，具有兩個振動頻率。那麼，圖 2.3.1（a）中的第三種經典吸子，極限環面吸子，是否就與好幾個頻率的情形相對應了？

　　但事實上不完全是這樣。諸位可能在普通物理中學過：如果這兩個頻率的數值成簡單比率的關係，也就是說，兩個頻率的比值是一個有理數，那在實質上仍然是週期性運動，吸子仍是第二種：歸於極限環。如果這兩個頻率之間不成簡單比率關係，也就是說，比值是一個無理數，亦即那種包含無窮多位的小數表示式，並且沒有重現的模式的數。當組合系統具有無理頻率比值時，代表組合系統的相空間中的點環繞環面旋轉，自身卻永遠不會接合起來。這樣的系統看起來幾乎是週期的，卻永遠不會精確地重複自身，被稱作「準週期」，但運動軌道總是被限制在一個「麵包圈」上，這就應

該對應於圖 2.3.1（a）中的第三種情形。

　　總而言之，用上述 3 種吸子描述的自然現象還是相當規律的，都是屬於經典理論的吸子。根據經典理論，初始值偏離一點點，結果也只會偏離一點點。因此，科學家甚至可以提前相當長的時間預測到極複雜系統的行為。這一點是「拉普拉斯惡魔」決定論的理論基礎，也是羅倫茲夢想進行長期天氣預報的根據。

　　但是，從兩次計算的巨大偏差中，羅倫茲發覺情況不妙，於是想到了把他的計算結果畫出來。也就是將 2.2 節中給出的 3 個方程式 [公式（2.2.1）~ 公式（2.2.3）] 中 x、y、z 對時間的變化曲線，畫到了三維空間中，看看它到底是 3 種吸子中的哪一種。

　　這一畫就畫出了一片新天地！因為羅倫茲怎樣也無法把他畫出的圖形歸類到任何一種經典吸子。看看自己畫出的圖形，即圖 2.3.1（b），羅倫茲覺得這個系統的長期行為十分有趣：似穩非穩，似亂非亂，亂中有序，穩中有亂。

　　這是一個三維空間裡的雙重繞圖，軌線看起來是在繞著兩個中心點轉圈，但又不是真正在轉圈。方程式解的軌道繞來繞去繞不出個名堂！因為它們雖然被限制在兩翼的邊界之內，但又絕不與自身相交。這意味著系統的狀態永不重複，是非週期性的。也就是說，這個具有確定係數、確定方程

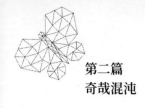

式、確定初始值的系統的解，是一個外表和整體上呈看似規則而有序的兩翼蝴蝶形態，而內在卻包含了無序而隨機的混沌過程的複雜結構。當時，眼光不凡的羅倫茲準確地將此現象表述為確定性非週期流。他的文章發表在 1963 年的《大氣科學雜誌》（*Journal Of The Atmospheric Sciences*）上。

▊ 2.4 蝴蝶效應

由圖 2.3.1（b）可見，羅倫茲吸子看起來顯然不同於那幾個經典的吸子，不屬於經典理論的吸子，我們把這種影像叫做奇異吸子。

此外，我們得從數學上弄明白，奇異吸子到底有哪些特別之處。我們在 2.3 節中提到過：幾個經典吸子分別是零維、一維、二維的圖形。那麼圖 2.4.1 中這個三維空間的羅倫茲吸子看起來像是多少維呢？

圖 2.4.1 中的圖形看起來像一個碎形，但是碎形的維數也不一定就是分數。圖形雖然複雜，但是看起來，每個分支基本上都還是在各自的平面上轉圈圈。總共是兩個平面，因此這個圖形的維數有可能是 2。有點類似碎形龍的圖形那樣，曲線繞來繞去，最後充滿一部分面積。但到底是不是二維，或者是一個接近 2 的分數，還得數學說了算。

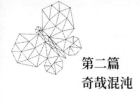

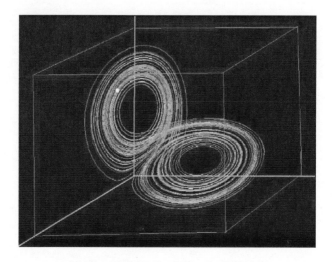

圖 2.4.1 羅倫茲吸子是個 2.06 維的碎形

　　從前面對碎形的介紹中，我們已經知道：不僅有整數維的幾何圖形，也有分數維的幾何形狀存在。表現出混沌現象的系統的吸子 —— 奇異吸子，就是一種碎形。整數維數的吸子（正常吸子）是光滑的週期運動解，分數維數的吸子（奇異吸子）則是關於非線性系統的非光滑的混沌解。圖 2.4.1 所示的羅倫茲吸子的曲線，只是象徵性地顯示了曲線的一部分。吸子實際上是一個具有無窮結構的碎形。研究羅倫茲吸子方程式，進一步觀察則會發現：狀態點，也就是羅倫茲系統的解將隨著時間的流逝不重複地、無限次數地奔波於兩個分支圖形之間。有數學家仔細研究了羅倫茲吸子的碎形維數，得出的結果是 2.06 ± 0.01。

從奇異吸子的形狀及幾何性質，我們看到了混沌和碎形關聯的一個方面：碎形是混沌的幾何表述。

奇異吸子不同於正常吸子的重要特徵是它對初始值的敏感性：2.3 節中所說的 3 種經典吸子對初始值都是穩定的，也就是說，初始狀態接近的軌跡始終接近，偏離不遠。而奇異吸子中，初始狀態接近的軌跡之間的距離卻隨著時間的增大而呈指數增加。

這就是使數學造詣頗深的羅倫茲困惑的原因。因為他發現，用他的數學模型進行計算的結果大大地違背了經典吸子應有的結論。因為給定初始值的一點點微小差別，將使得結果完全不同。這種敏感性展現在氣象學中，就是說：計算結果隨著被計算的天氣預報的時間成指數地放大，在羅倫茲所計算的兩個月的天氣預報之中，每隔 4 天預報計算的誤差就被放大一倍。因此，最後得到了顯然不同的結果。

由此，羅倫茲意識到，「長時期的氣象現象是不可能被準確無誤地預報的」。因為計算結果證明：初始條件的極微小變化，可能導致預報結果的巨大差別。而氣象預報的初始條件，則由極不穩定的環球的大氣流所決定。這個結論被他形象化地稱為「蝴蝶效應」，用以形容結果對初值極其敏感的現象。意思是說，只是因為巴西的一隻蝴蝶抖動了一下翅膀，就改變了氣象站所掌握的初始數據，3 個月之後，就有

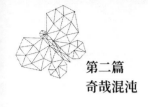

可能引發美國德克薩斯州一場出乎意料的、未曾預報的龍捲風（圖2.4.2）。用俗語來說，就是「差之毫釐，謬以千里」。

氣象預報的
「蝴蝶效應」
⇩
初值的微小差別
隨著時間被指數
放大
⇩
巴西的蝴蝶抖動
一下翅膀
⇩
可能引發美國
德州颳起一陣
龍捲風

圖 2.4.2 「蝴蝶效應」示意圖

也有人說，之所以稱為蝴蝶效應，是因為羅倫茲吸子的圖看起來很像兩個抖動的蝴蝶翅膀。無論如何，這個名字啟發了文學家與藝術家們無限的想像，產生出不少相關的作品。

羅倫茲吸子是第一個被深入研究的奇異吸子。羅倫茲模型是第一個被詳細研究過的可產生混沌的非線性系統。

有些人認為，具有奇異吸子的系統可能只是比較少的特例。例如在羅倫茲的方程組中，有一個叫瑞利數的參數 Ra，

當 $Ra = 28$ 的時候，方程式才有混沌解。許多別的 Ra 值都得到經典的正常解。

但以上觀點是一個誤解。其實，像羅倫茲發現的這類具有奇異吸子的系統並非什麼例外，而是自然界隨處可見的極為普遍的現象，是經典力學所描述的常規事物。然而，經典力學已建立 300 多年，為什麼經典系統的混沌現象卻直到四五十年前才被發現呢？這其中的原因不外乎如下幾點：一是人們的觀念總是容易被成熟的、權威的理論所束縛；二是近二三十年來電腦技術的飛速發展。羅倫茲吸子被發現之後，許多相似的研究結果也相繼問世。有趣的是，各個領域的科學家還紛紛抱怨說他們早就觀測到諸如此類的現象了。可是當時，也許是因為得不到上級的認可，也或許是文章難以發表，或是以為自己測量不夠精確，或可能是認為源於噪音的影響等等。總而言之，各種原因使他們失去了千載難逢的第一個發現奇異吸子、混沌現象的機會。

換句話說，奇異吸子的行為廣泛地存在於經典力學所描述的現象中。

經典這個詞用得有點混淆。本來，所謂經典物理，是指有別於量子物理而言。奇異吸子與量子物理是兩回事。比如說羅倫茲得到的微分方程組是從經典物理理論、經典力學規律得到的方程組。既不是隨機統計的，也與量子理論無關。

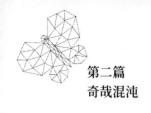

但是，這種符合經典理論的方程式卻有混沌行為的解。

奇異吸子的行為廣泛地存在於經典力學所描述的現象中，存在於各類非線性系統中。由於奇異吸子和混沌行為是非線性系統的特點，這些發現，又將非線性數學的研究推至高潮。1980 至 90 年代，各門傳統學科都在譜寫自己的非線性篇章，即使在人文、社會學的研究系統中也發現了一批奇異吸子和混沌運動的例子。因此，混沌理論的創立與牛頓的經典理論發生衝突，給了決定論致命的一擊，拉普拉斯惡魔也無能為力了。

也有人認為，蝴蝶效應雖然說明了某些情況下，結果對初始值非常敏感，但並不等於就完全否定了決定論。他們認為世界仍然是決定論的，只是計算及測量的精確度問題。比如說到羅倫茲的天氣預報吧，由於混沌現象的產生，目前的計算技術使它的誤差在 4 天後增加一倍，但是如果將來電腦的速度加快、精準度提高，對初始值也測量得更準確，就可能使得誤差在 40 天或 400 天後，才增加一倍，這不就等於能準確預報了嗎？

怎麼可能像拉普拉斯惡魔所說的那樣，這個世界，還有你、我、他，將來的一切都被決定了呢？難道我們此時此刻正在閱讀的書中的每一句話，以及我們腦袋裡所思所想，都在大霹靂的那個時刻就被決定了？這聽起來太荒謬了！萬事

萬物的發展變化具有太多的偶然因素，不可能都是很久以前就注定好的。

筆者支持非決定論的觀點，當然數學最終解決不了決定論還是非決定論的問題。但從物理學的角度而言，起碼有兩點證據不支持決定論。一是已經有 100 多年歷史的量子理論的發展。量子物理中的不確定性原理表明：位置和動量不可能同時確定，時間和能量也不可能同時確定。因此，初始條件是不確定的，永遠不可能有所謂的「準確的初始條件」，當然，結果也就不可能確定。

二是經典的物理規律，大多數都是用微分方程組的數學模型來描述的。建立微分方程式的目的，本來就是為了研究那些確定的、有限維的、可微的演化過程。因此，微分方程式的理論是機械決定論的基礎。但是，微分方程組不一定就是描述世界所有現象的最好方法。事實上，牛頓力學以外的許多物理現象，無法只用微分方程式來研究，而對大自然中廣泛存在的碎形結構、物理學中的湍流、布朗運動、生命形成過程等等，微分方程式理論也是勉為其難，力不從心。既然作為決定論基礎的微分方程式並不能用來解決世界上的許多問題，「皮之不存，毛將焉附」。基礎沒有了，決定論失去了依託，拉普拉斯惡魔還有話說嗎？恐怕只能躲在天國裡唉聲嘆氣了！

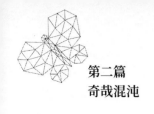

2.5 超越時代的龐加萊

1970 年代,當種種學科的非線性研究匯成一股洪流時,人們才意識到此一領域早已有先驅者捷足先登。科學界對此課題的研究,可追溯到 1890 年法國數學家龐加萊(Jules Henri Poincaré)為解決天體力學中的三體問題所做的工作。

講到天體力學,還需回到牛頓力學時代,也許還要追溯到更早一些時間。其實,對天體運動的觀測和研究,可算是人類最早期從事的科學活動。遠在西元前一兩千年,中國和其他文明古國就開始用太陽、月亮等天體的運動來確定季節、研究天象、預報氣候。後來的事你們都知道:哥白尼(Nicolas Copernicus)1543 年提出日心說,這個學說打擊了教會,哥白尼因此受到迫害,之後的布魯諾(Giordano Bruno)因宣揚日心說被教會活活燒死。克卜勒(Johannes Kepler)比較幸運,碰到了一個好老師第谷(Tycho Brahe)。第谷將他幾十年辛苦得來的大量行星觀測數據,毫無保留地給了克卜勒,這樣一來,才有了著名的克卜勒行星運動三大定律。牛頓在克卜勒定律的基礎上,總結出了經典力學著名的牛頓三大定律。

再後來，克卜勒走了，牛頓走了，拉普拉斯也走了。幾位大師創立了天體力學，但也留下了有關天體運動的種種問題和困難。三體問題便是其中之一，我們可以先從一個古老的故事講起。

故事發生在 100 多年前的瑞典。瑞典對現代科學技術的發展做出了卓越的貢獻，每年由瑞典國王頒發的各項諾貝爾獎就是其中一例。人們現在都知道，科學界有諾貝爾獎，電影界有奧斯卡獎。但可能很少有人知道，曾經有一個頒發給數學家的奧斯卡獎哦！那是在 1887 年，也就是諾貝爾（Alfred Nobel）剛發明無煙火藥的那一年，瑞典有位開明而又喜愛數學的國王 —— 奧斯卡二世（Oscar II），他當時贊助了一項以現金為獎勵的競賽，徵求對 4 個數學難題的解答，其中一個是關於太陽系的穩定性問題。太陽系的穩定性問題早就被牛頓提出。有些人憂心忡忡，陷入了杞人憂天的困境，經常有人設想出一些無法挽救的、災難性的後果。比如說，擔心月亮某一天會朝地球猛撞過來，或者地球將會漸漸不停靠近太陽，或者不斷地遠離太陽，那樣的話人類則將因熱死或冷死而滅亡。

拉普拉斯深入研究過這個問題並得出結論，認為太陽系作為整體來說是一個穩定的週期運動系統。然而，拉普拉斯的結論並沒有消除人們以及國王奧斯卡二世心中的疑慮，當他準備慶祝他的 60 歲生日之際，他的科學顧問米塔 - 列夫勒

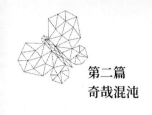

（Gösta Mittag-Leffler）建議他用2,500瑞典克朗的獎金懸賞，徵求這個困難問題的答案。

那個時代的物理學家們熱衷於觀測和研究天體，喜歡計算遵循牛頓萬有引力定律而互相吸引的多個天體將如何運動。物理學家們將此類問題稱為 N 體問題。瑞典國王懸賞 N 體問題的答案，實際上就是欲從數學上來探索太陽系的穩定性。當 $N = 1$ 時，答案是顯而易見的，不受其他任何作用的 1 個物體，最後將歸於靜止或等速直線運動。對於 $N = 2$ 的情況，也就是二體問題，在牛頓時代就已被基本解決。兩個相互吸引的天體的軌道運動方程式可以精確求解，得到各種圓錐曲線。比如對太陽地球的近似二體系統，地球將繞著太陽作橢圓運動。

但是，實際存在的太陽系，並不是只有太陽和地球，而是一個由太陽及數個行星及其他許多物體構成的 N 體系統。牛頓力學在解決二體問題上打了大勝仗，在三體問題上卻是困難重重。多於三體時的問題，就更是望塵莫及了。

一年後，這筆獎金頒發給了 33 歲的數學家，當時已經是法國科學院院士的龐加萊。

亨利・龐加萊被公認是 19 世紀末和 20 世紀初的領袖數學家（圖 2.5.1），是繼高斯（Carl Gauss）之後對數學及其應用具有全面知識的最後一個人。

龐加萊出生於法國東北部一座小城，父親是一名醫生，家族中不乏名人，包括他的一位堂弟——曾經多次出任法國總理、帶領法國度過第一次世界大戰的總統雷蒙·龐加萊（Raymond Poincaré）。

圖 2.5.1 亨利·龐加萊

小時候的亨利·龐加萊體弱多病，手腳不便，運動神經失調，後又因患上白喉病而嚴重影響了視力，可以說是個身體有缺陷的孩子。實際上，龐加萊直到 58 歲去世，一直未能逃離疾病的陰影，長期不斷地與病魔不懈抗爭。在生命的最後幾年，儘管龐加萊仍然活躍於科學界，但健康狀況每況愈下，曾經兩次接受前列腺手術。就在接受第二次手術的一星期之前，他還為法國道德教育聯盟召開的成立大會演講，龐加萊在演講中激動而感慨地總結他自己一生的奮鬥經驗，說出一句肺腑之言：「人生，就是持續的抗爭！」沒想到手術之後不到 10 天，這位天才的數學領袖人物便丟下他為之追尋一生的數學理論，駕鶴西去了。

也許正是由於身體狀況太差，更促成了天才龐加萊的智慧發展。人們沒想到這個看起來稍矮微胖、金色鬍鬚、大紅鼻子、「體格笨拙，藝術無能」、「心不在焉，不修邊幅」的人，在數學和物理的許多方面，都有不凡的成就。

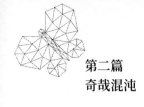

第二篇
奇哉混沌

龐加萊的最大特點是他對數學和物理各個領域的眼光和見識。他開創微分方程式解的定性研究,奠基拓撲學,提出幾十年後才被人證明了的龐加萊猜想、不動點定理等。據說他不關心嚴格性,以直覺立論,忽視細節,不喜歡嚴密邏輯,認為邏輯無創造性,限制思想。龐加萊就像是一隻辛勤的蜜蜂,在數學和理論物理的花園裡飛來飛去,採集百花之精華,釀成最甜美、最富營養的蜂蜜,奉獻給後人。

這裡插入一段令人遺憾、又令人費解的史話:為什麼不是龐加萊第一個創立了狹義相對論?

早於愛因斯坦,龐加萊在 1897 年發表了一篇文章〈空間的相對性〉(*The Relativity of Space*),其中已有狹義相對論的影子 [08]。1898 年,龐加萊又發表〈時間的測量〉(*The Measure of Time*)一文,提出了光速不變性假設。1902 年,龐加萊闡明了相對性原理。1904 年,龐加萊將勞侖茲(Hendrik Lorentz)給出的兩個慣性參照系之間的座標變換關係命名為「勞侖茲變換」。再後來,1905 年 6 月,龐加萊先於愛因斯坦發表了相關論文:〈論電子動力學〉(*On the Dynamics of the Electron*)[09-10]。

100 多年後的今天,很難對此做出一個公正的評價。儘管當時的龐加萊已經觸到了狹義相對論的邊緣,他談到了相對性原理,他深刻理解同時性的問題所在,他分析、研究、

發展、命名了勞侖茲變換群，他做出了不同慣性系中物理定律不變的假設。數學論證齊全，萬事已經具備，但是，龐加萊始終未放棄「以太」的存在，把這一切都認為是物質在一個靜止以太的框架中運動的結果 [11-12]。

難道是因為龐加萊當時已經年近半百，沒有了年輕物理學家的那股狂熱？難道是因為他從小體弱多病而養成了凡事小心謹慎的習慣，形成了性格上的弱點，使他在革命性的新物理理論之前膽怯而畏縮不前？難道因為龐加萊是天才的數學家，但不是正統物理學家，缺乏對相對論這個革命理論物理意義的深刻認識？（圖 2.5.2）

圖 2.5.2 龐加萊與愛因斯坦在第一次索爾維會議上有一面之交。圖中龐加萊和瑪里·居禮正討論問題，站在右後的愛因斯坦，似乎很關注他們討論的內容

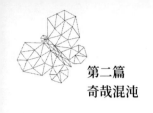
█ 2.6 三體問題及趣聞

　　話說回來，在 19 世紀初，狹義相對論和量子力學掀起物理學革命的那幾年，愛因斯坦正年富力強、精力充沛，而龐加萊卻是疾病纏身、心力交瘁。龐加萊又肩負著數學領袖的重任，數學中有太多的由他提出而又尚未證明的猜想和定理，占據了他大部分的時間和精力，想必他也無暇顧及更多有關狹義相對論的問題了。

　　的確，作為一個數學家，龐加萊一生所繫、不斷思考、至死念念不忘的，還是數學問題，是由他始開先河的微分方程式質性理論研究和代數拓撲學。因此，在本節中，還回到當年的三體問題，以及龐加萊為解決三體問題而發展的數學。這其中蘊涵著龐加萊最重要的創新：把握定性和整體的拓撲思想。

　　國王奧斯卡二世用以懸賞 N 體問題的獎金數額不算很多，但全世界的數學家們仍然趨之若鶩，為什麼呢？因為能夠獲此獎項將是一個莫大的榮譽，再則，所懸賞的 N 體問題本來就是數學上一個極為重要、有待解答的問題。

　　二體問題早在牛頓時代已被完滿解決，三體問題仍然懸而未決，一直是人們關注的焦點。1878 年，美國數學家喬治·

威廉・希爾（George William Hill）發表文章 [13]，論證月球近地點運動具有週期性。希爾的研究引發龐加萊對三體問題的極大興趣。龐加萊本來就一直在研究這個問題，因此，國王的懸賞對他而言正中下懷，來得正是時候。這送上門來的名利雙收的機會，何樂而不為呢？

根據牛頓的萬有引力定律，學過高中物理的學生都不難列出三體問題的運動方程式，它是含有 9 個方程式的微分方程組。但是，求解這個方程組則是難上加難，並不存在一般條件下的精確解。龐加萊首先採取了希爾的辦法，將此問題簡化成了所謂「限制性三體問題」。

限制性三體問題是三體問題的特殊情況。當所討論的三個天體中，有一個天體的質量與其他兩個天體的質量相比小到可以忽略時，這樣的三體問題稱為限制性三體問題。首先，我們把小天體的質量 m 看成無限小，就可以不考慮它對兩個大天體的作用。這樣一來，兩個大天體便按照克卜勒定律，繞著它們的質量中心做穩定的橢圓運動（不考慮拋物線和雙曲線的情形）。然後，我們再來考慮小天體的質量 m 有限時，在兩個大天體 m_1 和 m_2 的重力場中的運動。也就是說，我們將小天體對大天體的作用忽略不計，只考慮大天體對小天體的吸引力。如此一簡化，原來的 9 個微分方程式變成了只有 3 個變數的微分方程組。

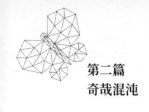

例如，當初的希爾就是用更簡化了的平面圓形限制性三體問題來研究月球的運動。他略去了太陽軌道離心率、太陽視差和月球軌道傾角，得到了月球中間軌道的週期解。如今，太空科學家們常用限制性三體問題，研究在月球、地球重力的作用下，人造衛星、火箭及各種飛行器的運動規律。

即使簡化成了 3 個微分方程式，只有 3 個變數，也仍然無法求出精確解。龐加萊意識到，要解決問題必須想出新的辦法，總不能吊死在一棵樹上。既然無法求出精確解，就放棄尋找精確解的努力好了。於是，龐加萊開始定性研究解的性質。也就是說，從 3 個微分方程式出發，用幾何的方法，從整體上設法了解可能存在的各種天體軌道的性質和形態。這樣一來，龐加萊為微分方程式定性理論的研究鋪平了道路。

如圖 2.6.1 所示，龐加萊企圖定性地研究包括小塵埃和兩個大星球的限制性三體問題。這種情形下，兩個大星球的二體問題可以精確求解，大星球 1 和大星球 2 相對作橢圓運動。龐加萊需要定性描述的只是小塵埃在大星球 1 和大星球 2 的重力吸引下的運動軌跡。

龐加萊運用漸近展開與積分不變性的方法，定性研究小塵埃的軌道。他深入研究小塵埃在所謂同宿軌道和異宿軌道（相當於奇異點）附近的行為，但一直沒有得到令他滿意的

結果，最後不得不在 1888 年 5 月，比賽截止之前提交了他的論文。國王懸賞的評審團成員是當時三位鼎鼎有名的數學家：法國數學家夏爾·埃爾米特（Charles Hermite，埃爾米特矩陣以他的名字命名），德國數學家卡爾·魏爾施特拉斯（Karl Weierstrass）及他的學生瑞典數學家米塔-列夫勒。儘管龐加萊並沒有完全滿足奧斯卡二世懸賞的要求，沒有解決 N 體問題，但他的 160 頁的文章仍然令評審團的三位數學巨匠興奮無比。他們認為龐加萊對三體問題的研究取得了重大突破，太陽系的相對穩定得到確認。魏爾施特拉斯在寫給米塔-列夫勒的信中道：「請告訴您的國王，這個研究無法被真正視為對所求問題的完善解答，但是它的重要性使得它的出版將象徵天體力學的一個新時代的誕生。因此，陛下預期的公開競賽的目的，可以認為已經達到了。」

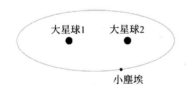

限制性三體問題：小塵埃的質量相較於兩個大星球來說可以忽略不計，實際上是先解大星球的二體問題，即認為它們相對作橢圓運動，然後再考慮小塵埃的運動。即使如此簡化，小塵埃的軌道仍然非常複雜

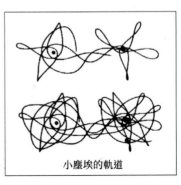

小塵埃的軌道

圖 2.6.1 限制性三體問題

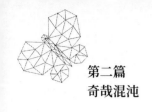

於是，國王高興地把奧斯卡獎 —— 2,500 瑞典克朗和一枚金質獎章授予了龐加萊。

在 1889 年冬天，評審團準備將龐加萊的論文在數學雜誌上發表。文章已經印好，而且送到了當時最有名的一些數學家那裡。就在這時，負責校對的一位年輕數學家發現文章中有一些地方的證明不夠清楚，建議龐加萊增加一段解釋作為補充文獻。於是，龐加萊開始重新深入研究這一部分。

龐加萊越是深入研究小塵埃的軌道在奇異點附近的性質形態，發現的問題就越多。情況有些類似於 80 多年後 MIT 的氣象學家羅倫茲所面對的困境。當然，他沒有羅倫茲那麼幸運，能在電腦的螢幕上顯示奇異吸子的曲線。但是，龐加萊卻以他驚人的思考和想像能力，在自己的頭腦裡建構出了限制性三體問題的某些奇特解的雛形。從解的奇怪行為中，龐加萊看到了當今人們所說的混沌現象。不過，受到當時的經典世界觀的局限，龐加萊還未能完全理解得到的結果，他只能困惑而感嘆地說了一句：「無法畫出來的圖形的複雜性令我震驚！」（圖 2.6.1 右圖）

既然解的圖形複雜得無法畫出來，龐加萊意識到，在原來的論文中，不僅僅是像那個年輕人所說的那種「證明不太清楚」的小問題，而是包含著一個錯誤。於是，他趕緊通知

米塔 - 列夫勒，收回已經印出的雜誌並予以銷毀。同時，龐加萊大刀闊斧地修改和趕寫論文。一直到第二年——1890年的10月，龐加萊長達270頁的論文的新版本才重新問世。

龐加萊堅持自己支付了印刷第一版的費用：3,585瑞典克朗，這個數目大大超過了一年之前他得到的獎金。作為題外話，還有一件遺憾之事：據報導，有人從龐加萊的孫子家裡，偷走了當初龐加萊贏得的那枚金質獎章。所以，對這次懸賞活動，龐加萊是倒賠了1,000多瑞典克朗，留給後代的金質獎章也不翼而飛。當然，對數學大師而言，區區金錢和獎章算什麼呢？龐加萊慶幸對論文做了這個重要的修正，且正是因為這個錯誤，使得龐加萊對方程式的解的狀況重新研究和思考，改正了他的一個穩定性定理，最終導致他發現了同宿交錯網。

龐加萊發現，即使對簡化了的限制性三體問題，在同宿軌道或者異宿軌道附近，解的形態會非常複雜，以至於對於給定的初始條件，幾乎是沒有辦法預測當時間趨於無窮時，這個軌道的最終命運；而這種對於軌道的長時間行為的不確定性，也就是我們現在稱為混沌的現象 [B]。（圖2.6.2）

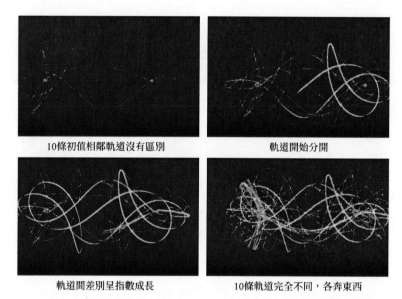

10條初值相鄰軌道沒有區別 　　　　　　軌道開始分開

軌道間差別呈指數成長 　　　　　10條軌道完全不同，各奔東西

圖 2.6.2 限制性三體問題：初值有微小差別的 10 條軌道隨時間的演化過程

▎2.7 生態繁衍和混沌

生命的誕生和消亡，生兒育女，生老病死，是人人都關心的問題。沒想到這也和混沌現象沾上了邊。

多數人對馬爾薩斯（Thomas Malthus）的名字並不陌生，對他的「人口論」更有切身的體會。托馬斯·馬爾薩斯 1766 年出生於一個富有的英國家庭，父親丹尼爾（Daniel Malthus）是位哲學家，與著名法國哲學家盧梭（Jean-Jacques Rousseau）是好朋友。沒想到丹尼爾這個樂觀的學者卻生出了托馬斯這個對世界前景充滿悲觀論調的人口學家。1798 年，馬爾薩斯發表了他著名的《人口學原理》（*An Essay on the Principle of Population*），對人類做出一個悲觀的預言：人口將以幾何速率且超越食物供應的算術速率增加，因而，最後將必然導致戰爭、瘟疫、饑荒等人類的各種災難。

馬爾薩斯的人口論基於一個很簡單的公式：

$$X_{n+1} = (1+r)X_n = kX_n \qquad (2.7.1)$$

式中的 X_{n+1} 代表第 $n+1$ 代的人口數，X_n 代表第 n 代的人口數，$r = (X_{n+1} - X_n)/X_n$，是人口成長率。$k = 1 + r$ 通常是一個大於 1 的數，因而，人口數便以 k 的冪級數成長。

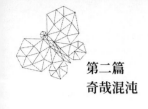
我們假設疊代次數以年計算，有了這個公式，從某年一個初始的人口數出發，便可以推算出下一年、再下一年、再再下一年的人口數來。

這裡，馬爾薩斯犯了一個錯誤，他把各種災難作為人口成長之後的結果來處理。而實際上，戰爭、瘟疫和饑荒是伴隨著人口繁衍而同時發生的，必須在方程式中就將這些因素考慮進去。因此，後來的學者們對這個理論進行了修正，在公式（2.7.1）的右方加上了一個負的平方修正項，變為：

$$X_{n+1} = kX_n - (k/N)X_n^2 \qquad\qquad (2.7.2)$$

這個非線性修正項則反映了諸如食物來源、疾病、戰爭等生存環境因素對人口的影響，負號表明這種制約導致下一代人口 X_{n+1} 的減少。這就是生態學中著名的邏輯斯諦方程式，它不僅可用於「人口」的研究，也可用於對其他生物繁衍、種群數量，諸如「馬口」、「鳥口」、「蟲口」等的研究。公式（2.7.2）也可改寫成：

$$x_{n+1} = kx_n - kx_n^2 = kx_n(1 - x_n) \qquad\qquad (2.7.3)$$

式中，我們將大寫的 X 變換成了小寫的 x，用以表示相對人口數：$x = X/N$，N 是最大人口數。

從公式（2.7.3）明顯地看出，下一代的 x_{n+1}，是上一代的 x_n 和（$1-x_n$）的乘積。當 x_n 增大時，（$1-x_n$）則減小，因而邏輯斯諦方程式同時考慮了鼓勵和抑制兩種因素。此外，

公式（2.7.2）中包含非線性項，聽到「非線性」這個詞，你們就要小心！非線性的效應使得方程式中暗藏了「混沌」這個魔鬼。

不過沒關係，道高一尺，魔高一丈。我們有電腦，那是能讓混沌魔鬼現出原形的照妖鏡。

用電腦技術尋找「混沌」魔鬼，的確功不可沒。1970 年代，繼羅倫茲之後，各個領域的人們都開始注意用電腦研究混沌現象，尋找各種非線性方程式的奇異吸子。那時，英國的羅伯特・梅（Robert May）來到美國普林斯頓大學，他看上了生態學中這個既簡單而又非線性的邏輯斯諦方程式。

圖 2.7.1 澳洲出生的英國生態學家羅伯特・梅

羅伯特・梅（圖 2.7.1）1938 年生於澳洲雪梨，是一位在多個領域涉獵甚廣的科學家。他最開始學的是化學工程，

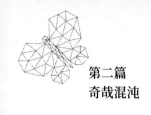

後來轉向理論物理。作為一個理論物理博士和教授工作多年之後，羅伯特·梅對理論生態學、人口動態研究、生物系統的複雜性及穩定性等問題產生了濃厚的興趣。因此，他在普林斯頓大學任教期間（1973-1988），研究方向便完全轉向了生物學。

羅伯特·梅將邏輯斯諦方程式用來研究昆蟲群體的繁殖規律。不過，他並不是簡單地跟隨氣象學家羅倫茲的腳步，畫出邏輯斯諦方程式的奇異吸子而已。他的研究有獨到之處，他感興趣的是公式（2.7.2）和公式（2.7.3）中的參數 k。羅伯特·梅發現，參數 k 的數值大小決定了混沌魔鬼出現與否！當 k 值比較小的時候，混沌魔鬼銷聲匿跡無蹤影，只有當 k 大到一定的數值時，混沌魔鬼才現身。

羅伯特·梅於 1976 年在英國《自然》（*Nature*）雜誌上發表了他的研究成果——〈表現非常複雜的動力學的簡單數學模型〉（*Simple Mathematical Models with Very Complicated Dynamics*）[14]，論文引起學術界的極大關注，因為它揭示出了邏輯斯諦方程式深處蘊藏的豐富內涵，這已經遠遠超越了生態學的領域。

現在，讓我們更直觀地解釋一下公式（2.7.3）和圖 2.7.2 的意義，看看公式（2.7.3）是否具有混沌魔鬼的行為。請注意，這裡所說的行為是指長期行為。也就是說，

我們需要研究的是：用公式（2.7.3）作疊代，當疊代次數趨於無窮時，群體數的最後歸宿，是經典的還是混沌的？圖 2.7.2 中的綠色曲線，是羅伯特・梅的研究結果。他用綠色曲線畫出了最後的相對群體數 $x_{無窮}$ 隨著 k 的增大而變化的情形。$x_{無窮}$ 是當 n 趨於無窮時 x_n 的極限。圖 2.7.2 中下面 4 個小圖，則是在一定的 k 值下作疊代的過程。必須注意，在公式（2.7.3）及圖中的 x_i 是相對群體數，可以把它規定為相對於一個最大的群體數 N 而言，比如，我們可以取 $N =$ 10,000，群體數的初值取為 1,000，也就是說，某種生物最開始時有 1,000 個，那麼，不難算出相對群體數的初值，$x_0 =$ 1,000／10,000 ＝ 0.1。

　　這個看上去有點奇怪的綠色曲線可以按照 k 的大小，曲線的不同形態抽成好幾段，圖中分別記為：滅絕→平衡→雙態平衡→混沌。

　　因此，羅伯特・梅發現，對邏輯斯諦方程式的混沌魔鬼來說，參數 k 的數值太重要了。增大 k 的數值可以讓混沌魔鬼誕生出來！但是，混沌魔鬼是怎樣生成的？為何 k 變大就能形成魔鬼呢？於是，羅伯特・梅便詳細地研究了混沌魔鬼誕生的過程，對此我們將在下一節繼續討論。

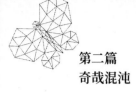

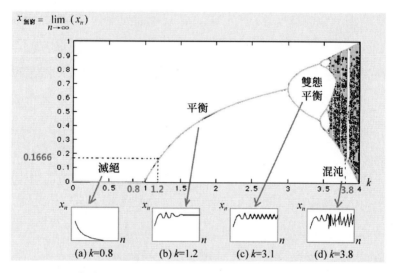

(a) k=0.8　　(b) k=1.2　　(c) k=3.1　　(d) k=3.8

圖 2.7.2 對應於不同的 k 值，邏輯斯諦方程式解的不同長期行為

2.8 從有序到混沌

讓我們仔細考查 2.7 節中的圖 2.7.2，複習一下羅伯特‧梅的結論。從圖中我們看到：可以將系統的長期行為大概歸類於幾種情況。或者說，可將圖中的曲線分成特徵不同的幾個部分。

（1）當 $k < 1$ 時，x_n 的最後極限是 0，表明出生率太低，出生數補償不了死亡數，種族最終走向滅絕。例如，$k = 0.8$，因為 $x_0 = 0.1$，不難算出 $x_1 = 0.072$，$x_2 = 0.051$，…，對應的群體數分別是 1,000、720、510…，絕對群體數將逐年減少，最後趨於 0。在這種情況下，連種族都滅亡了，顯然也不存在什麼混沌魔鬼。

（2）我們更感興趣的是 $k > 1$ 時的情形，這時，方程式中的第一項使得群體數逐年增加，而第二項使得群體數不能增加到無限大。我們將 k 值從 1 到 3 的那段綠線稱為「平衡」期，因為在這種情形下，生死速率旗鼓相當，最後的群體數將平衡於一個固定值。比如，$k = 1.2$，這時的線性成長率為 120%。那麼，許多年之後，這種生物會有多少呢？從 $x_0 = 0.1$ 開始，可以算出：$x_1 = 0.108$，$x_2 = 0.1157$，…。因

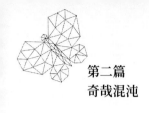

而，相應的絕對群體數是 1,000，1,080，1,157，…。可以證明，若干年之後，這種生物的群體數將趨向於一個固定值：1,666。所以，k 值為 1~3 時，種族數收斂到固定值，完全是經典情況，沒有看見混沌魔鬼。

（3）當 $k > 3$ 時，情況則變得十分複雜。比如，當 $k = 3.8$ 時，從疊代可以得到相應的絕對群體數是 1,000，3,420，…，6,547，9,120，3,100，8,120，…。這時的最後結果很奇怪，不會收斂到任何穩定狀態，而是在無窮多個不同的數值中無規則地跳來跳去。也就是說：魔鬼跳出來了，系統走向混沌。

上面的第一、二種情況，屬於經典有序，第三種情況則為混沌。因而，我們最感興趣的是中間從 $k = 3$ 到 $k = 3.8$ 的一段，我們再將這段放大來研究，即可得到圖 2.8.1 中上圖所示的曲線。

邏輯斯諦系統是如何從有序過渡到混沌的呢？從圖 2.8.1 的上圖中可看到，即使我們讓 k 的數值平滑地成長，系統的長期行為卻不「平滑」。當 k 的數值在 3 附近的時候，系統來了個突變：原來的一條曲線分成了 2 條，形成一個三岔路口！然後，k 的數值繼續平滑地成長，到 3.45 附近時，又走到了三岔路口，兩條曲線分成了 4 條，再後來，分成了 8 條，16 條……分支越來越多，相鄰三岔路口間的距離卻越來越

短，最後，以至於我們的眼睛無法清楚地認清這些三岔路口及分支線。

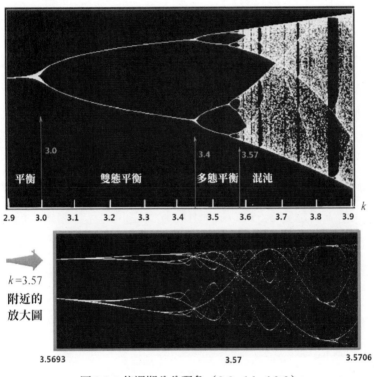

圖 2.8.1 倍週期分岔現象（2.9 < k < 3.9）

現在，可能很多讀者已經察覺到：混沌魔鬼是由這些越來越多的分岔現象產生出來的！完全沒錯，這也是當時羅伯特·梅的結論。人們將這種分岔現象叫做倍週期分岔現象（bifurcation）。「週期」這個詞是從哪冒出來的呢？想想我們

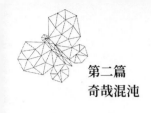

所研究的邏輯斯諦方程式 [公式（2.7.3）]，這是個一代一代（或者說一年一年）的疊代方程式，那麼，一年就是一個週期。例如，我們觀察 $k = 3$ 到 $k = 3.4$ 之間的曲線（也就是在圖 2.8.1 得標示為雙態平衡的那一段），所謂雙態平衡意味著，疊代到最後，每年的群體數將在兩個數值之間循環。也可以說，系統回到原來狀態的週期從一年變成了兩年，週期加倍了！後來，從 $k = 3.4$ 到 $k = 3.57$，狀態數越來越多，最終的群體數將在更多的數值之間循環，因此，系統回到某一平衡狀態的週期因加倍又加倍而變得越來越長，這是圖中標示為多型平衡的一段。

當 k 增加到 3.57 之後，由於分支之間的互動纏繞，已無法區分單獨的分支，倍週期分岔現象呈崩潰之勢，平衡點已無法區分，連線成一片連續區域。這意味著最終的群體數失去了週期性，進入圖中標示為混沌的範圍。將 $k = 3.57$ 附近區域放大，得到圖 2.8.1 中下面的圖形。

上面所描述的系統狀態隨著參數的變化從平衡走向混沌的過程，不是僅出現在生態學中，而是一個普遍現象。倍週期分岔現像是系統出現混沌的前兆，最終會導致有序到無序，穩態向混沌的轉變。我們在前面章節中介紹羅倫茲吸子時，羅倫茲方程式中也有一個參數 —— 瑞利數。瑞利數表徵了大氣流的黏滯性等物理特徵。當時，羅倫茲在他的系統中

所用的瑞利數 $Ra = 28$，得到了混沌現象。對其他的 Ra 值，羅倫茲系統有混沌解，也有非混沌解。因此，當 Ra 平滑變化時，在羅倫茲系統中，也能觀察到倍週期分岔現象，從而觀察到系統從有序過渡到混沌的過程。

科學家們更為深入地研究倍週期分岔圖，總結出倍週期分岔現象具有自相似性及普適性等重要而有趣的特徵。

自相似性是顯而易見的。如果將圖 2.8.1 中的倍週期分岔曲線在不同尺度下放大，仔細觀察，就會發現它實際上是一種碎形，一種具有無窮巢狀的自相似結構，或所謂尺度不變性：即用放大鏡將細節部分放大若干倍後，它仍與整體具有相似的結構。這個與內在隨機性密切相關的幾何性質揭示了倍週期分岔現象與碎形、混沌、奇異吸子等之間的內在連繫。

2.9 節將繼續討論倍週期分岔現象的其他有趣特性。

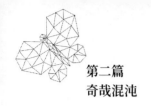

第二篇
奇哉混沌

▌2.9 混沌魔鬼「不穩定」

　　這個由各類生物群體組成的大千世界，盤根錯節、繁雜紛紜；天下萬物，互相制約、互相依存；自然界中形形色色的動植物不停地出生、繁殖、變化、死亡，時而大浪淘沙、優勝劣汰，時而又相輔相成、維持平衡。在永不間斷的生死爭鬥中，各種生物群體的數目變化莫測，有時候表現一定程度的週期性，有時候又看似一片混沌，的確有些類似於 2.7 節和 2.8 節中所研究的邏輯斯諦方程式的解的行為。如果以邏輯斯諦方程式為基礎，是否可能找出一個描述包括多種生物競爭，群體數如何變化的生態模型來？

　　其實，邏輯斯諦方程式不僅在生態研究方面意義重大，在別的領域也有諸多應用。是啊，邏輯斯諦對應看起來太簡單了，只有 1 個變數、1 個方程式，但它卻能表現出混沌系統的種種特徵。還記得我們曾經討論過的其他混沌系統嗎？比如羅倫茲系統和三體問題，相對於它們的原始問題來說，最後的方程式也算夠簡單的了，但是，仍然有 3 個變數、3 個微分方程式。

　　混沌理論的老祖宗龐加萊曾經提出一個定理，稍後被瑞

典數學家本迪克松（Ivar Bendixson）證明，說的是混沌現象只能出現在三維以上的連續系統中。但這個定理不適用於離散系統，邏輯斯諦方程式所描述的就是一個非常簡單的一維離散系統。麻雀雖小，五臟俱全，混沌魔鬼在這個簡單系統中輕巧地跳出來，成為混沌研究者們的最愛。

例如，在研究一個與流體力學、湍流等相關的課題中，涉及的系統往往異常複雜。當系統維數太多，直觀影像不清楚時，研究者們總是回到最簡單的一維邏輯斯諦方程式，用簡單圖形的方法來考慮問題，便感覺容易多了。

因為總體來說，1 個變數的確比多個變數簡單很多。不過，有時候使用三維的影像也有優越性，電腦螢幕上看起來相對直觀。比如說，電腦畫出來的羅倫茲吸子非常漂亮！羅倫茲方程式的解，是隨時間變化而無限繞下去卻又永不重複的軌道，在三維空間中畫出來，好像一隻翩翩起舞、展翅欲飛的蝴蝶。可是，這個一維的邏輯斯諦方程式的吸子，用圖形表示就不好看了。

對邏輯斯諦方程式來說，每個不同的 k 值都有一個吸子，在平衡區域，吸子是 1 個固定點；在雙態平衡區域，吸子是 2 個固定點；在多型平衡區域，吸子是多個分離的固定點；而在混沌區域，吸子是連成一片的點。最後的狀態在這些點中無規律地蹦來蹦去。到底是如何蹦跳的呢？分岔圖上

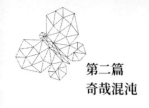

對具體過程顯示得並不清楚。不過，我們可以用如圖 2.9.1 所示的邏輯斯諦疊代圖，清楚地看到在不同 k 值下，疊代過程中 x_n 的收斂情形。

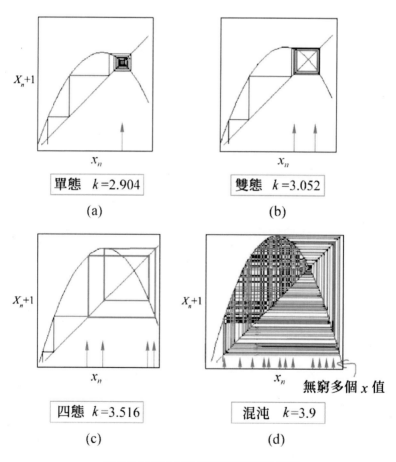

圖 2.9.1 不同 k 值下的邏輯斯諦疊代圖

　　圖 2.9.1 中，標為紅色的是疊代的最後過程。圖中的拋物線對應於邏輯斯諦方程式右邊的非線性疊代函數 $[x_{n+1} = kx_n(1-x_n)]$。

　　圖 2.9.1（a）中的 x_n 最後收斂於一個紅點；圖（b）中的 x_n 最後收斂於一個紅色矩形，標示有兩個不同的 x 值；而圖（c）中的 x_n 最後收斂的紅色區域，是在 4 個不同的 x 值中循環；圖（d）的混沌情況，大家一看圈來圈去的紅色曲線便明白了：有點類似於羅倫茲的蝴蝶圖了，這是魔鬼現身的表現！

　　邏輯斯諦系統還有一個其他系統少有的優點：它所對應的微分方程式可以求得精確的解析解。而大多數非線性系統是無法得出精確解的，只能用疊代法來研究數值解的定性性質，以及解的穩定性。

　　混沌魔鬼的出現，與參數 k 的數值有關，k 越大，魔鬼出現的機率就越大。這其中有何奧祕呢？我們回到邏輯斯諦方程式描述的生態學，回憶一下參數 k 的意義是什麼。k 是群體數的線性成長率，與出生率有關。想到這點，我們恍然大悟：如果 k 比較大，群體繁殖得太多，數目成長太快，增加社會不穩定的因素，當然就容易造成混亂，令魔鬼現身囉。

　　混沌的產生的確與方程式的穩定性有關，因此，我們有必要討論系統狀態的穩定性。哪種狀態是穩定的？哪種狀態

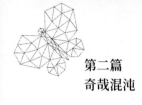
是不穩定的？從圖 2.9.2（a）中就一目了然了，那是在重力場中穩定和不穩定的概念：對小圓球來說，坡頂和坡谷都是重力場中可能的平衡狀態。但是人人都知道，位於坡頂的藍色球不穩定，位於谷底的紅色球很穩定。究其根源，是因為只要藍色球開始時被放斜了那麼一丁點，就會因無法平衡而掉下去。而紅球呢，則不在乎這點起始小誤差，它總能滾到谷底而平衡。用稍微科學一點的語言來說，穩定就是對初值變化不敏感，不穩定就是對初值變化太敏感。我們將這個意思發揮擴展到邏輯斯諦方程式上，考慮圖 2.9.2（b）中 $k =$ 2.904 時，即吸子是一個固定點的情況。這時，邏輯斯諦方程式的解應該是圖中的拋物線和 45°直線的交點，圖中的這兩條線有兩個交點。因此，除了固定吸子 $x_{無窮} = 0.66$ 之外，$x_{無窮} = 0$ 也是一個解。但是，在圖中所示的條件下，$x_{無窮} = 0.66$ 是穩定的解，$x_{無窮} = 0$ 卻是不穩定的解。為什麼呢？因為只要初始值從 0 偏離一點點，像圖中所畫的情況，疊代的最後結果就會一步一步地遠離 0 點，沿著綠色箭頭，最終收斂到 $x_{無窮} = 0.66$ 這個穩定的平衡點。

　　研究三體問題的大數學家龐加萊，是微分方程式定性理論的創始者。有關微分方程式解的穩定性問題，則由另一位數學家李雅普諾夫（Aleksandr Lyapunov）首開先河。亞歷山大・李雅普諾夫是與龐加萊同時代的俄國數學家和物理學家。與穩定性密切相關的李雅普諾夫指數，便是以他的名字命名的。

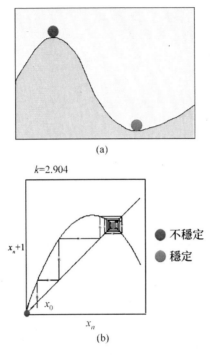

圖 2.9.2 不穩定和穩定

　　如何來判定系統穩定與否？李雅普諾夫想，可以用對重力場中兩個小球是否穩定的類似判定方法。於是，他研究當初值變化一點點時，系統的最終結果如何變化，並以此來作為穩定性的判據。更具體地說，我們可以將系統的最終結果 $x_{無窮}$ 表示成初始值 x_0 的函數，用圖形畫出來。系統的穩定性取決於這個函數圖形的走向：它更接近圖 2.9.3 中的哪一條曲線呢？是向下指數衰減（$\lambda < 0$）？還是向上指數成長（λ

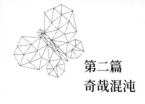

聽二篇

奇哉混沌

> 0）？抑或是平直的一條直線（$\lambda = 0$）？第一種情況被認為是穩定的，第二種情況被認為是不穩定的，而 $\lambda = 0$ 則是臨界狀態。這裡的 λ 便是李雅普諾夫指數。

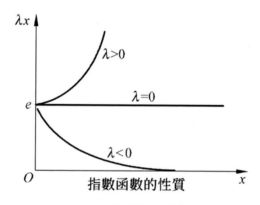

圖 2.9.3 指數函數的性質隨 λ 變化

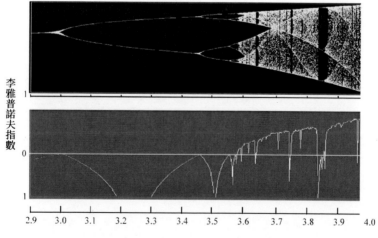

圖 2.9.4 邏輯斯諦系統的李雅普諾夫指數及對應的分岔情形

　　圖 2.9.4 顯示的便是不同 k 值下，邏輯斯諦系統的李雅普諾夫指數及對應的分岔圖，從中不難看出 λ 的符號變化與倍週期分岔的產生及混沌魔鬼出現之間的關係：k 值比較小的時候，小於 0，系統處於穩定狀態；從 $k = 3.0$ 開始，λ 有時等於 0，出現分岔現象，系統轉變到多型平衡，但仍然是穩定的，大多數時候，λ 小於 0；從 $k > 3.57$ 開始，λ 開始大於 0，系統不穩定，過渡到混沌。有趣的是，混沌魔鬼經常露一下臉後又躲藏起來。在 $k > 3.57$ 的區間中，λ 的數值還經常返回到小於 0 的數值。也就是說，混沌有時又變成有序，這對應到分岔圖（黃色影像）中的空白地帶。

第三篇
碎形天使處處逞能

你可能沒想到：碎形不僅美麗，也頗具實用價值。音樂家用它們產生奇妙的音樂，企圖揭示音樂與數學及其他領域間的內在連繫；藝術家們利用它們構思作品，設計者用其裝飾和點綴我們的生活；影像處理中，竟然可以透過發現其中的碎形結構來減少複雜圖形的儲存量；此外，還可能有助於生物和醫學研究……。

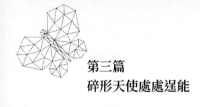
3.1 碎形音樂

自然界中碎形無處不在，人類社會中碎形的應用也比比皆是，不僅應用到建築、服裝等藝術設計中，還用於音樂作品中，產生不少「碎形音樂」（fractal music），讓人大開眼界。

關於音樂和數學的關係，曾有一個笑話：

某個數學老師曾經問一個研究音樂理論的老師：

「音樂裡只有 7 個音，你為什麼要為此花一生的時間去研究呢？」

音樂老師遲疑了一下，笑著反問道：

「數學不也只有 10 個數字，你又為何打算研究一輩子，還不一定能研究清楚呢？」

一般來說，人們不會否認藝術（如雕塑、建築、繪畫等）與數學的關係，因為它們需要一點理性的計算。但如果說到音樂與數學的關係，就不太一樣了，大多數人可能很迷惑：音樂與數學有關係嗎？

實際上，音樂與數學的關係源遠流長，在音樂發生的最

初階段，就與數學有著親密的血緣關係。感性的音樂中處處閃現著理性數學的影子。古希臘的畢達哥拉斯學派已經意識到琴弦產生的聲音與琴弦的長度有著密切的關係，從而建立了音階和調音的理論。他們發現了和聲與整數之間的關係，和聲是由長度成整數比的弦發出的等等。畢達哥拉斯的理論在早期西方音樂界占據了重要地位。

中國最早產生的完備的律學理論（三分損益律）也與數學關係密切。此外，音樂還與比例、指數函數相關。音樂大師們的作品中流淌著黃金分割之類數學表達的完美與和諧；樂器的形狀和結構中也表達了多種數學概念。

「碎形音樂」又是怎麼一回事呢？我們再用電腦中產生曼德博集影像的過程來解釋這個問題。產生曼德博集和朱利亞集圖形的時候，我們用黑色、紅色、黃色等不同的顏色來標示不同的數學疊代性質。也就是根據疊代後，當 $n \rightarrow$ 無窮時，Z 點到原點的距離 R_n 的極限情況，來決定點的顏色，比如說：

如果 $R_n \leq 100$，c 為黑色；

如果 $100 < R_n \leq 200$，c 為紅色；

如果 $200 < R_n \leq 300$，c 為橙色；

如果 $300 < R_n \leq 400$，c 為黃色；

……

　　將同樣的方法應用於音樂中，當程式員為電腦螢幕的影像塗上不同的顏色時，音樂家就彈出不同的調子。

　　的確是這樣，如前所說的用疊代法產生影像的過程，就可以同樣用來產生音樂！比如說，如果用「Do-Re-Mi-Fa-So-La-Ti」來代替「紅橙黃綠藍靛紫」，用一條時間軸代替二維複數空間中的一條線的話，一段與曼德博集中某條直線相對應的「曼德博碎形音樂」就產生出來了！

　　儘管碎形音樂現在聽起來可能還不是那麼的宏偉和美妙，但至少它還使人覺得有趣，畢竟它不是由人，而是由電腦產生出來的音樂！如果再加上一些人為的努力，使將來的「碎形音樂」更逼真地模擬實際的音樂，則是完全可能的。

　　除了曼德博集之外，人們還研究了許許多多其他種類的碎形，並且發現自然界的碎形現象比比皆是：從漫長蜿蜒的海岸線，到人體大腦的結構，碎形似乎無所不在！碎形最重要的共同特徵，是它們的自相似性。最開頭我們說到的「花椰菜」的例子，很直觀地給出了自相似性的定義：部分與整體形狀相似，只是尺寸大小不同而已。

　　如前所述，碎形除了自相似性之外，還表現出隨機性，以及非線性疊代引起的非線性畸變。

　　當你仔細觀察曼德博集的圖形，在多次放大的過程中，你會經常見到似曾相識，卻又不完全相同的圖景，這裡的似

曾相識，就是來源於碎形的自相似性；而不完全相同，則展現了曼德博集圖形因非線性變換而表現的看似隨機的一面。

　　既然碎形無處不在，當然也存在於歷代音樂大師們所做的音樂中。聽音樂時，我們不也經常聽到某個旋律反覆出現，然而又變化多端，並不是只簡單重複的情況嗎？也許，正是這種相似性和隨機性的和諧結合，你中有我，我中有你，既相似又隨機，互相滲透，穿插其中，才使音樂帶給我們藝術的美感，給予我們無窮想像的空間。

　　人們使用電腦分析研究了音樂大師們的作品，發現碎形結構普遍存在於經典音樂作品中，比如巴哈（Johann Sebastian Bach）和貝多芬（Ludwig van Beethoven）的作品。

　　不僅是類似於曼德博集和朱利亞集那種看起來複雜的碎形存在於音樂中，更廣義地說：美妙而簡單的數學規律普遍存在於音樂大師們的作品中。比如在建築和繪畫中經常見到的黃金分割規律，也廣泛存在於音樂中。

　　1990 年代，加州大學爾灣分校神經生物學系記憶中心的研究人員發現莫札特（Wolfgang Amadeus Mozart）的音樂對孩童們具有一種神奇的力量，可以加強他們的注意力，提高創造力。聽一段莫札特的音樂，好比是進行過促進協調、提高腦部功能的運動。這個結論公布之後，美國有些學校在課堂上播放莫札特的音樂，作為背景音樂，據說對加強課堂紀

律，安撫學生情緒，造成了良好作用。

莫札特的音樂簡單而純粹，不像巴哈音樂的繁複，也不像貝多芬的音樂使人蕩氣迴腸。尤其是莫札特的小提琴協奏曲，單純、明麗、幽雅而流暢。有人利用電腦研究分析了幾首莫札特的小提琴協奏曲的曲式結構，發現 99% 都符合，或近似符合黃金分割律。用更通俗的話來說，就是曲調的重要段落所在位置，大都在整部曲子的 0.618 處。此外，附屬主題、音調轉接、主題再現、副歌開始等，也大都相對發生於各段的黃金分割點。

也許，莫札特的小提琴協奏曲給人簡單和美的感覺就源於這些簡單的黃金分割。

剛才介紹過現代作曲家根據碎形疊代創作的碎形音樂。也有人用更簡單的數學規律，諸如二進位制數列、各種級數，甚至一段英文文字等，來創作音樂。用數學作曲，已經成為現代作曲家的熱門課題。反正，音樂曲譜實際上也是一種編碼，只要你想出任何一種方法將數學的東西與音樂編碼相互轉換，你就能寫出一段曲子來。好聽與否就是另一回事了。

紐約大學石溪分校（Stony Brook）的一個音樂系學生，就根據斐波那契數列作了一段曲子，並用鋼琴演奏出來 [C]。

3.2 碎形藝術

　　科學是文化藝術的精髓。碎形概念除了用於音樂之外，其他如繪畫、雕塑、建築設計中的碎形也是比比皆是，自相似是一種易於被觀察到的自然結構，因此，經常被創造各種文明的人類，有意或無意地表現於創作的藝術作品之中，見圖3.2.1。

圖 3.2.1 藝術中的碎形

　　碎形設計更多地用於建築設計中。因為建築是一種與幾何密切相關的藝術，碎形幾何學誕生之前，就有許多無意識的自相似建築，例如從非洲部落、印度廟宇、歐洲教堂、中國古寺等古代建築中，都能找到明顯的碎形特徵（圖3.2.2）。

　　有了碎形幾何之後，各種別出心裁、與碎形相關的建築設計更是層出不窮。碎形幾何理論的建立深深地影響了建築

學的發展，拓展了建築形式與功能，也為建築學的空間觀與
審美觀帶來革新的動力，更新了傳統的建築設計手法，創造
了與傳統不同的建築空間（圖3.2.3）。

非洲部落　　　　　　　　　　　中國古建築

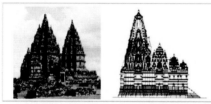

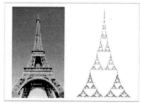

印度廟宇　　　　　　　　艾菲爾鐵塔的碎形結構

圖 3.2.2 古建築藝術中的碎形

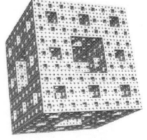

圖3.2.3 曾經提交的臺北藝術中心設計方案以及方案所借鑑的碎形圖
案——門格海綿

　　類似於碎形音樂，在繪畫藝術上，也有人用電腦產生碎形繪畫，比如說一座山就可以用一個生成子及一個基本初始圖形，按照圖 3.2.4 所示的疊代過程用電腦產生出來。

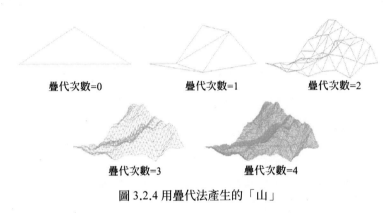

疊代次數=0　　　　　疊代次數=1　　　　　疊代次數=2

疊代次數=3　　　　　疊代次數=4

圖 3.2.4 用疊代法產生的「山」

3.3 碎形用於影像處理

儘管幾個簡單的線性自相似的經典碎形的歷史,最早可追溯到 19 世紀後期。但對於碎形的深入研究,諸如曼德博圖等,卻是近 40 年的事。這是與電腦的飛速發展分不開的。因為,先進快速的電腦技術使得大量的疊代運算可以在更短的時間內完成。影像顯示技術的發展為我們提供了探索碎形複雜性的有利條件。沒有現代電腦技術,人們不可能欣賞到如此美麗的曼德博圖和朱利亞圖。

從藝術的角度來看,非線性疊代生成的碎形圖案的確很美,美得像天使一樣!那種美帶給我們視覺的享受,碎形音樂則給予我們聽覺的享受。但是,科學家們所欣賞的是另一種美。

那是這個世界所遵循的科學規律的內在之美。

人們發現用電腦生成的樹葉圖和蕨類植物葉子是如此之相像,還有樹枝、腦血管、人體等。既然如此,世界上這些看起來千變萬化的一切,是否都是由幾條簡單的生成規則演化出來的呢?就像程式員在電腦程式中用一個簡單方程式進行疊代一樣,自然界的細胞分裂又分裂,疊代又疊代,一

代又一代……最後就成了世界中的各種生物體。不僅僅是生物，還有雲彩、閃電、海岸線……也許全都是由簡單的規律產生了大自然的一切！

　　碎形還有一個用途：用在電腦影像壓縮技術方面。

　　電腦技術使得我們能探索碎形的複雜性，碎形數學又反過來造福於電腦技術。科學和技術總是相輔相成，科學始於探索，技術立足於應用。探索能發現自然之美，應用則創造人工之巧。美之事物必能找到應用的途徑，而新穎的技術構思又總是能反射出理論的光輝。碎形之美與電腦顯示技術之新成果息息相關、相互輝映。

　　當年，碎形的研究之所以能在眾多的學科範圍內引起轟動，其原因之一便是：如此複雜的結構卻產生於幾條簡單的變換規則。複雜是一種美，簡單也是一種美。科學的宗旨之一可以說就是要用簡單的規律來描述複雜的大自然。複雜的形態背後可能隱藏著簡單的法則。

　　從碎形的這種簡單表示複雜的特性，人們很自然地想到了將碎形用作電腦中儲存、壓縮圖形數據的一種方式。比如像曼德博集那樣複雜的圖形，只不過用一個簡單的方程式（$z = z \times z + c$）就能表示出來。今天，我們的文明社會正在大踏步地邁進一個數位訊息時代。數位化之後的訊息需要透過媒介來記錄、傳送、儲存。使用傳統的方法儲存聲音和

影像，數據量非常大。因此，我們才有了所謂的影像壓縮技術，就是要在保證一定程度的條件下，將儲存的訊息量壓縮到越少越好。

那麼，有哪些傳統的影像儲存和壓縮方法呢？

在數位世界中，訊息量的多少以所需要的位元數（0 或 1）來衡量。表達訊息時所需要的位元數目越小越好。也就是說，最好能將訊息壓縮一下，也叫作為訊息「編碼」。比如說，為了要儲存圖 3.3.1 中的只有黑白顏色的科赫曲線，我們可以採取圖 3.3.1 中右邊的文字說明所列舉的 3 種方法編碼：

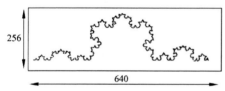

圖 3.3.1 用不同方法壓縮影像的說明

第一種是最原始的方法，是將圖形分成許多小格子（畫素）。例如，我們可以將圖 3.3.1 分成 256×640 個小格子，也就是共 163,840 個畫素。然後，需要將這些畫素所具有的訊息儲存起來。因為圖 3.3.1 只是黑白圖形，每一個畫素的訊息不是黑就是白，正好對應於位元的 0 或 1。這意味著，一個畫素需要一個位元來表示。因此，要用這種編碼方法儲

存整個圖形，需要的位元數就等於 163,840。第二種方法是將圖形看作若干點和線。圖 3.3.1 中共有 256 條直線，經由256 個點逐次連成。所以，只要儲存這 256 個點的位置就可以了。因為每個點在圖中的位置需要用兩個整數表示，而每個整數都需要用 32 個位元來表示。因此，第二種編碼方法需要的位元數是 16,384。顯然，第二種方法比第一種方法更經濟實惠，因為它將訊息壓縮了 10 倍。

　　如果我們把這個圖形用它的碎形的初始值及疊代函數來編碼的話，就是圖 3.3.1 中的第三種方法。使用第三種方法，需要儲存的訊息只包括 4 次線性變換疊代以及 2 個初始點位置。將這些數值換算成位元數，只需要 928 位元就可以了。相對原始的 163,840 位元而言，就等於訊息被壓縮了 100 倍以上。

　　有關碎形技術用於影像壓縮，可以用碎形圖形的儲存為例來理解：在儲存曼德博集圖形時，如果存為 bmp 檔案的話，檔案的大小為 3,440（430×8）千位元，這種方法就相當上面所說的第一種方法。而如果將它存為 gif 檔案的話，檔案的大小僅為 240（30×8）千位元。也就是說，在這種情形下，gif 格式相對於 bmp 格式，訊息壓縮了 14.3 倍。

　　但是實際上，gif 格式太大，如果用程式生成這個圖形，存的訊息不過是一個簡單的方程式，幾個係數，就像剛才

的科赫曲線，最多幾千位元就足夠了。壓縮的效果是顯而易見的。

這就好比複雜生物體的遺傳機制，就是把許多訊息「壓縮」為最佳化的編碼（基因），儲存於 DNA 裡面而實現的。在生物學中，大自然往往做得比人工更為精緻和巧妙。

其實，碎形用於影像壓縮，原理上類似於用傅立葉變換壓縮聲音訊號的問題。聲音訊號的處理更基本和簡單一些，更容易理解。

無論是聲音還是影像訊號，最原始的訊息都可看作是強度關於時間（或空間）的函數。如上面說到的，一個固定的黑白影像可用在每一個畫素位置的光強度（0 或 1）表示，一個原始的聲音訊息則用在一系列的時間點測量的聲音強度來表示。所以，最原始的儲存方法就是：把聲音的強度按不同時間點列成一個表儲存起來，比如說，轉換成電子訊號儲存到磁帶上。以後便可以將磁帶上的數值讀出來，再轉換成聲音訊號。

這種儲存聲音的原始方法類似於之前談到影像編碼的第一種方法。可以說是完整的儲存方法，但它並不總是最好的，也不是最有效的方法。

聲音的訊號除了隨時間而變的強弱之外，還有一個很重要的特點，就是它的頻率。頻率也是聲波中給我們大腦更深

刻印象的東西。學唱歌時首先不就是學「Do-Re-Mi-Fa-So-La-Ti」嘛，那描述的就是聲音中不同的主頻率。

　　既然頻率在聲音中是如此重要，人們自然想到儲存聲音應該儲存它的頻率。作曲家們就很聰明，他們將所做的曲子用樂譜的形式記下來，那不就是記錄的頻率嗎？傅立葉變換則是科學家工程師們所使用的樂譜。傅立葉變換是由法國數學家傅立葉（Joseph Fourier）在 1822 年創立的。比之音樂中的樂譜，傅立葉頻譜有過之而無不及，它把聲音訊息中包含的所有頻率分量都找了出來。這個過程聽起來有點煩瑣，似乎是畫蛇添足。不過，傅立葉變換在數學、物理學、工程各方面都得到廣泛應用，是訊息處理中使用最多的變換，被譽為訊息處理技術上一個重要的里程碑。

　　儲存頻譜的優點是儲存的訊息量少。當我們按下電子琴的中心 C 按鍵時，電子琴發出一個「Do」的聲音。將這個聲音用強度時間表儲存，每 1 毫秒存 1 個強度值，1 分鐘就需要存 60,000 個實數，需用 3,840 千位元。如果存它的頻譜，暫時不考慮泛音的話，只需要存這個頻率的數值和強度，2 個實數就可以了，這不就等於把訊息量壓縮到了幾千分之一嗎？即使考慮還得存泛音的數據，也可以達到幾百倍的壓縮率吧。

　　傅立葉變換只記下了頻率訊號，完全沒有時間的訊息是

不行的。它就像是用一把頻率固定但時間無限長的尺來量東西，這把尺太長了！所以，在實際中使用的是如圖 3.3.2 所示的傅立葉變換取樣視窗，把尺按時間分成一段一段的。

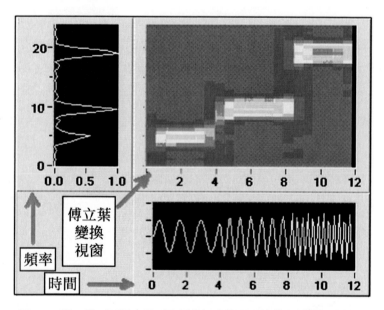

圖 3.3.2 對 3 段不同頻率的正弦函數組成的圖形的傅立葉變換取樣視窗結果

　　從這個視窗來看，傅立葉變換的道理和音樂上的曲譜很像啊。既有時間，也有頻率。

　　剛才說到的是對聲音訊息的傅立葉變換處理。回到影像編碼領域，原理也是類似的，只不過需要將時間用二維空間來代替。

　　對訊號的傅立葉變換壓縮，利用的是訊號的頻率特徵。用碎形的原理進行影像壓縮，則是利用圖形的自相似性。

　　碎形影像壓縮的方法（也稱疊代函數系統 IFS 方法）是美國喬治亞理工學院的巴恩斯利（Michael Barnsley）教授首創的。但碎形影像壓縮技術至今仍然不夠成熟。儘管目前已有商品化的電腦軟體，但仍有許多問題尚待解決。碎形影像壓縮的解碼速度很快，但編碼速度慢，比較適合一次寫入、多次讀出的文件。

　　正是：「路漫漫其修遠兮，吾將上下而求索。」

3.4 人體中的碎形和混沌

　　碎形在生物形態中普遍存在，這是人所共知的事實，大自然中不少動植物存在碎形圖案的例子。

　　生命科學中，人們在對人體器官的研究中發現，自相似性、碎形、混沌的影子幾乎無所不在：人體的肺部細胞形成盤根錯節、複雜的受力網路；人腦的表面肺部血管伸展、神經元分布等，都有明顯的碎形特徵，見圖 3.4.1。有人認為，生物體中每個單元的形態結構、遺傳特性等等都在不同程度上可看作生物整體的縮影。比如人耳的形狀，非常類似母體胚胎中蜷縮的嬰兒。從碎形的角度來看，這些都是在生物體中自相似性的表現。

　　圖 3.4.1（a）可看作人腦的碎形模型。在 19 世紀，醫學科學家就已經認識到，腦進化的螺旋形式和在自然界中發現的螺旋十分相似。被譽為「美國神經病學泰斗」的查爾斯·克拉斯納·米爾斯（Charles Krasner Mills）對大腦和神經的功能進行了大量研究。如果查爾斯還活著，他或許會感到欣慰，因為如今的醫學界，正用自然界廣泛存在的、他所模糊意識到的碎形模型來研究和描述大腦及神經系統 [15]。

　　俗話說，大腦「皺紋」越多的人越聰明。科學家們對人腦表面進行研究，發現從人腦表面「皺紋」的碎形結構模型出發，估算出的碎形維數為 2.73~2.78。從歐氏幾何的觀點來看，任何平面或曲面的維數都是 2。但是我們從碎形幾何的角度來說，大腦表面褶皺越多，碎形維數就越高，就越逼近我們所處的三維空間的維數。醫學界認為，這是演化過程中某種改進機制發揮作用的結果。因為碎形維數越高，表明在同樣有限的空間內，大腦能占有更大的表面積，就有可能具備更為複雜的思考能力。

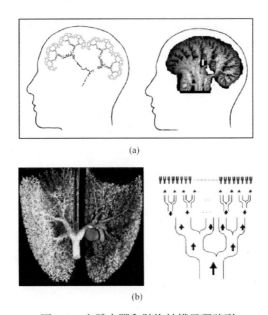

(a)

(b)

圖 3.4.1 人體大腦和肺泡結構呈現碎形
（a）人腦的碎形模型；（b）肺動脈床的碎形模型

因此，大腦的碎形模型，使得人們可以用「最佳化」的概念來解釋大腦的功能，諸如資料傳輸、儲存容量和對外界刺激的敏感性等。

對肺部器官的研究也有類似的結果。1970 年代，當曼德博研究碎形混沌之初，他就提出人體的肺具有碎形結構。後來，美國醫學科學家謝爾蓋·布林德列夫（Sergey V. Buldyrev）等 [16] 的大量研究成果證實了這點。

你可能不知道，我們肺部具有的表面積差不多相當於整個網球場的大小（750 平方英呎，約合 69.68 平方公尺）。如何能將如此巨大的面積，塞進看起來小小的肺中，這也是碎形幾何的功勞。人體的肺支氣管道，是一種結構複雜、形狀極不規則的導氣管網，見圖 3.4.1（b）。從氣管尖端開始反覆分岔，再分岔，形成一種典型的樹形分岔結構。碎形的分岔與摺疊，增加了碎形維數，隨之增加了這些管道吸收空氣的表面積。當然，因為表面積增加，曲面凹凸程度增加，又會反過來阻礙空氣的流通。最後，兩者兼顧，互相平衡而得出一個大約最佳的碎形維數。根據測量，肺泡的碎形維數非常接近 3，等於 2.97[17-18]。

與肺支氣管道比較，人體的血管似乎是一種更為複雜細緻、遍及全身的碎形網路。要做到與所有細胞直接相連，微血管必須細到只能允許單個血球通過。而大動脈又得具有快速流

過大量三維血流的功能。從大到小，由簡而繁，這似乎又是碎形結構的長處。雖然人體的全身上下都布滿了血管，血流量的總體積卻約只占人體體積的 5%，因為每個細胞都需要直接供血，血液循環系統總體的表面積將會很大。與上述的大腦及肺泡的情況類似，如此大的面積，卻必須擠進一個很有限的體積中。想要對此建構出一個合理的數學模型，非碎形莫屬。並且，可以料想，此碎形的維數也應該接近 3。果不出所料，經實驗測定，人體動脈的碎形維數大約為 2.7。相信這個維數也是在人體進化及器官生長過程中最佳選擇的結果。

除了上述列舉出的人體器官之外，還有神經系統的神經元、雙螺旋結構的 DNA、彎彎曲曲的蛋白質分子鏈、泌尿系統、肝臟膽管等，它們的形態也都遵從碎形規律。

中醫的經絡、穴位之說歷史悠久，頗帶神祕色彩。根據這個理論，人體的耳、鼻、舌、手、足等各個部分，都是人體的縮影。如果人體的器官和功能失調，會在這些部分反映出來，由此，便可診治疾病。姑且不論此說正確與否，但卻與生物碎形原理，似乎一脈相通、不謀而合。因此，如果使用碎形理論研究傳統醫學，也許能對針灸和按摩的原理做出更為科學合理的分析和解釋。

眾所周知，任何生物體都是由單個細胞的不斷分裂和複製而生成的。也就是說，單個細胞中已經包含了生物體的全

部訊息。在一定的條件下，這單個細胞能夠自我複製和重組，發育成一個新的有機體。這種單細胞的全能性，用碎形幾何的術語來說，也就是類似於碎形的自相似性。因為這樣看來，每個細胞，似乎都是一個縮小了的生物體複製。或者說，這個整體的複製已經存在於生物體的每個細胞之中！因此，我們可以毫不誇張地說，現代複製技術的成功，正是生物碎形理論的驗證和應用。

碎形和混沌是相通的，混沌實際上可以看作是時間上的碎形。在人體生命科學中，除了觀察到器官等的空間碎形結構之外，也觀察到心臟的電流脈搏、心跳節律、腦電波等。這些隨時間變動的波形曲線均是碎形。

甚為有趣的是，當科學家們將碎形及混沌的概念最初引進醫學研究時，他們期望能用這種不規則現象來描述和診斷患者的心率及腦電波可能出現的某種不規則情形，即「病態」。然而，觀察結果卻大大出乎他們的意料。

在一年的時間中，人的心臟跳動次數超過 3,000 萬次，這種跳動的規律性如何？是否始終如一？跳動的頻率有多精確？其中有混沌魔鬼出現嗎？人們根據直覺以及傳統醫學的觀念，一般認為心率正常意味著健康，腦電波不規律可能表明了神經錯亂，如果混沌魔鬼出現在心臟跳動中，似乎就應該是疾病和衰老的象徵了 [19-20]。但是，生理學碎形研究所得

的事實卻正好相反,當人們用時間序列曲線來表示心率的變化情況時發現:健康成人的心率曲線是凹凸不平的不規則形狀,呈現某種自相似性,看似混沌。而癲癇患者和帕金森病患者的心率曲線反而呈現更多的規則性和週期性行為,表現得更有規律[21](圖 3.4.2)。

這種使專家們感到意外的情況,也發生在對腦電波的研究中。

一個人在不同的意識行為時產生的腦電波是有所不同的,這個不同首先表現在產生的腦電波的頻率的不同。如果根據頻率的不同來分類,腦電波可以分成四大類(圖3.4.3):

當一個人清醒的時候,尤其是工作的時候,有意識行為強烈,腦電波活躍,頻率最高,這時發出的腦電波叫做貝塔波(β波)。這種波是一個人智力的來源,是進行邏輯思考、推理、計算、解決問題時需要的波。當然,它也對應於人的心理壓力、環境不適、緊張焦慮等負面情緒。頻率稍低一點的腦電波,叫做阿爾法波(α波),這種波是一個人想像力的來源,是介於清醒理智的意識層面與潛意識層面之間的橋樑。當一個人身體放鬆、心不在焉時便常常產生這種波。第三種腦電波的頻率更低一點,叫做西塔波(θ波),是創造力和靈感的來源,屬於潛意識層面的波。這種波與記憶、知覺、個性及情緒有關,影響一個人的態度和信念,往往在睡覺做夢、沉思冥想時產生。頻率最低的腦電波是德塔波(δ

波），是直覺和第六感的來源，屬於無意識層面的波。這種
波是睡眠和恢復精神體力所需要的。

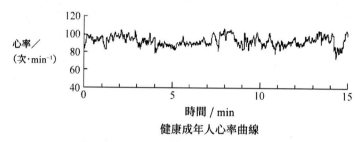

健康成年人心率曲線

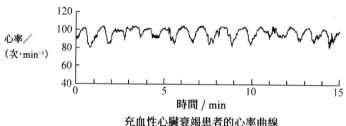

充血性心臟衰竭患者的心率曲線

圖 3.4.2 正常人與充血性心臟衰竭患者心率曲線
（引自：http：//www.physionet.org/tutorials/ndc/）

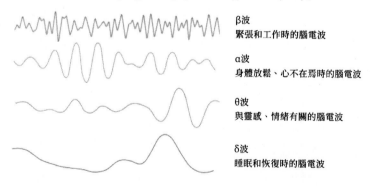

β波
緊張和工作時的腦電波

α波
身體放鬆、心不在焉時的腦電波

θ波
與靈感、情緒有關的腦電波

δ波
睡眠和恢復時的腦電波

圖 3.4.3 4 種腦電波

　　4 種腦電波中最重要、最普遍的是 α 波。一般成年人在平靜的清醒狀態時，大腦發出的腦電波主要表現為頻率 8~13Hz 的 α 波。如圖 3.4.3 所示，正常人的 α 波表現出明顯的混沌特徵，而像癲癇、帕金森病、躁鬱症等精神病患者的 α 波則看起來更單調、具有較規則的週期性。

　　另外，患有白血病的患者，白細胞數目的變化顯示出週期性，而健康人的白細胞數的變化則具有混沌的特點。對人體的神經系統而言，混沌也是正常、健康的常態和特徵。

　　由上述例子看起來，混沌的引入使人們對生理系統的認識有所進步：健康的生理狀態在本質上應該是混沌的。反之，如果複雜性丟失，等時性節律越來越多的話，意味著病態和衰老的來臨。如果心臟功能出現鐘擺律，腦電波混沌被破壞，就可能是臨終前的訊號了 [22-23]。

　　如何從混沌理論的觀點來解釋這些出乎傳統醫學意料的結果呢？

　　前面我們敘述過，人體的許多器官在形態上表現出碎形結構，可想而知，由這些碎形結構的器官工作起來產生的時間序列訊號，理所當然的應該是混沌的。另外，一個混沌的系統，不會只停留在少數幾個固定的狀態，而是在所有可能的狀態之間看似隨機地跳來跳去，這種狀態遍歷、不可預測的特性，使得健康的人體能具有高度的適應性和靈活性，

可以應付各種複雜環境和條件變化。比如說，人腦可以看成是一個複雜的、多層次的混沌系統，因而，腦的工作是混沌的，是基於一種對初值非常敏感的蝴蝶效應。也正因為如此，人的行為才能表現出智慧和敏銳。人腦越複雜、越混沌，其調節與應變的能力也越強。如果人腦發出的 α 波變得更規則有序了，說明大腦有了病變，人的行為也出現痴呆、固定化，也就是俗話所說的「腦筋轉不過來」。

　　科學家們還發現，生物器官碎形維數的增大，或者心率及腦電波混沌程度的增加，都與生物演化有關。透過對核酸碎形維數的研究結果表明：碎形維數隨分子進化而增大。例如，粒線體碎形維數約為 1.2，病毒及其宿主、原核和真核的碎形維數約為 1.5，而哺乳類核酸分子的碎形維數約為 1.7。基於人與其他物種心率曲線混沌程度的對比，揭示出混沌是衡量生物體制演化的一個定量指標。

第四篇
天使魔鬼一家人

　　美麗的碎形和奇妙的混沌，數學本質上卻有著深刻的內在連繫。例如，出現混沌現象的數學基礎：倍週期分岔現象，實際上也就是一種碎形。倍週期分岔現象中的常數是什麼？值得科學家們探討。混沌現象有時表現為碎形幾何，碎形中隱藏著混沌運動的規律。

4.1 萬變之不變

羅伯特・梅將混沌魔鬼的誕生歸結為系統週期性的一次
又一次突變。或者，用一個更學術化的術語來說，叫做倍週
期分岔現象。之前我們遵循羅伯特・梅的思路，研究了邏輯
斯諦系統從有序到倍週期分岔，再分岔，最後生出混沌魔鬼
的過程，也描述了混沌系統的穩定性、倍週期分岔現象的自
相似性等特徵。

倍週期分岔現象的另一個重要特性是普適性。

除了生物群體數的變化之外，倍週期分岔現象還存在於
其他很多非線性系統中。系統的參數變化時，系統的狀態數
越來越多，返回某一狀態的週期加倍又加倍，最後從有序走
向混沌。比如物理學中原來認為最簡單的單擺，也暗藏著混
沌魔鬼，當外力加大時，新的頻率分量不斷出現，擺動週期
不斷地加長，最後過渡到混沌。由美國華裔學者蔡少棠首先
研究的混沌電路是倍週期分岔的又一個例子。此外，在金融
股票市場，甚至於社會群體活動中，都有魔鬼的身影，也伴
隨著倍週期分岔現象。

到處都有倍週期分岔，以及接踵而至的混沌魔鬼，這是

普適性的定性方面。普適性的另一個方面 —— 定量方面，則與分岔的速度有關。

從倍週期分岔（圖 2.9.4）中顯而易見，分岔的速度是越來越快，因為相鄰兩個岔道口之間的距離越來越近。

儘管分岔的速度越來越快，但增快時卻似乎遵循某種規律，有點像重力場中的自由落體。在中學物理課上學習牛頓定律時，我們知道重力加速度 g。牛頓看見蘋果掉下來，下落的速度越來越快、越來越快……但是，速度增加的比例卻是相同的！也就是說，自由落體的速度變快了，但重力加速度 g 卻是不變的。並且，g 的數值對任何下落的物體都一樣，它還與萬有引力常數 G 有關。所以，這個看起來層層相似的分岔圖中也可能有個什麼不變的東西吧。果然如此！原來在倍週期分岔圖這裡也有兩個普適常數，分別叫做 δ 和 α，發現它們的人是費根鮑姆。

米切爾·傑伊·費根鮑姆（Mitchell Jay Feigenbaum）是美國數學物理學家。父親是波蘭移民，母親是烏克蘭人。青少年時期的費根鮑姆默默無聞，也未曾表現出任何所謂天才或神童的氣質。但是，他喜歡思考、迷戀物理。博士畢業後，因為找不到一個固定的好工作而四處奔波了好幾年。後來，終於在 30 歲時就職於新墨西哥州的洛斯阿拉莫斯國家實驗室。洛斯阿拉莫斯實驗室是美國兩個研究核武器的主要實

驗室之一,「二戰」時期的曼哈頓計畫就在這裡進行。1970年代,那裡有一大堆物理學家及相關學科的技術人員,薪資不低,研究經費也不少,既沒有教學任務,也沒有要及時趕出成果發表論文的壓力。費根鮑姆在那裡悠哉悠哉地如魚得水,儘管他當時在學術界還是一個無名小卒,只發表過一篇論文,科學研究成果寥寥無幾,但在他的理論部同事之間卻頗有聲名。原因之一是他腦袋中經常冒出一些古怪的想法,打扮也有些不合潮流,滿頭捲曲的披肩長髮使他看起來像個古典音樂家。另一個原因是他的知識淵博,對很多問題深思熟慮,無形中已經成為同事們有難題時的特別顧問。

他所在的研究小組的課題是流體力學中的湍流現象,費根鮑姆需要研究的是:威爾森(Kenneth Wilson)的重整化群思想是否可以解決湍流這個世紀老難題。

一開始,費根鮑姆似乎不太鍾情於研究小組的這個課題,不過,因為湍流看起來一片混亂,有些像那兩年科學界人士熱衷的混沌,這個研究方向使得費根鮑姆了解並熟悉了氣象學家羅倫茲宣告的「蝴蝶效應」,以及邏輯斯諦疊代時產生的混沌問題。

費根鮑姆對邏輯斯諦方程式的研究獨立於羅伯特·梅。那年,他得到了一個能放在口袋裡的 HP-65 計算機(圖4.1.1),一有空閒,他便一邊散步、一邊抽菸,還不時地把

計算機拿出來編寫幾行程式，研究令他著迷的邏輯斯諦倍週期分岔現象。

圖 4.1.1 費根鮑姆和他的 HP-65 計算機

現在看起來十分簡易、當時售價為 795 美元的 HP-65 是惠普公司的第一臺磁卡 - 可程式設計手持式計算機，使用者可以利用它編寫 100 多行的程式，還可將程式儲存在卡上，對磁卡進行讀寫。這在 1970 年代已經是相當了不起，因此，HP-65 的綽號為「超級明星」。

當「超級明星」和美國太空人一起登上「阿波羅號」進入太空的時候，在新墨西哥州洛斯阿拉莫斯邊遠山區的費根鮑姆則用它來與邏輯斯諦系統中的混沌魔鬼打交道，探索魔鬼出沒的規律。費根鮑姆喜歡寫點小程式，用計算來驗證物理猜想。早在十幾年前的大學時代，首次使用電腦時，他就在一小時之內寫出了一個用牛頓法開方的程式。

　　這次，費根鮑姆感興趣的是邏輯斯諦分岔圖中出現得越來越多的那些三岔路口。他用計算機程式設計式算出每個三岔路口的座標，即 k 值和相應的 $x_{無窮}$ 值。畫在紙上，構成了圖 4.1.2 中的曲線。

　　費根鮑姆注意到了隨著 k 的增大，三岔路口到來得越來越快，越來越密集。從第一個三岔路口 k_1 開始：$k_1 = 3$，$k_2 = 3.449\ 486\ 97$，$k_3 = 3.544\ 090\ 3$，$k_4 = 3.564\ 407\ 3$，$k_5 = 3.568\ 759\ 4$，…僅僅從 k 的表面數值，費根鮑姆沒有看出什麼名堂，於是，他又算出相鄰三岔路口間的距離 d：

$$d_1 = k_2 - k_1 = 0.449\ 5\cdots$$
$$d_2 = k_3 - k_2 = 0.094\ 6\cdots$$
$$d_3 = k_4 - k_3 = 0.020\ 3\cdots$$
$$d_4 = k_5 - k_4 = 0.004\ 35\cdots$$

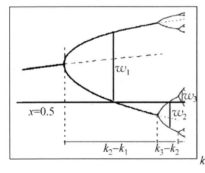

$$\delta = \lim_{n \to \infty} \frac{k_n - k_{n-1}}{k_{n+1} - k_n} = 4.669\ 201\ 609\ 1\cdots$$

$$\alpha = \lim_{n \to \infty} \frac{w_n}{w_{n+1}} = 2.502\ 907\ 875\ 0\cdots$$

圖 4.1.2 費根鮑姆常數

從這些 d 之間，費根鮑姆好像看出點規律來啦！每次算出的下一個 d，都大約是上一個 d 的 $1/5$！當然，並不是準確的 $1/5$，而是比例值差不多！好像有個什麼常數在這裡作怪，多計算幾項看看吧：

$$d_1/d_2 = 4.7514$$
$$d_2/d_3 = 4.6562$$
$$d_3/d_4 = 4.6683$$
$$d_4/d_5 = 4.6686$$
$$d_5/d_6 = 4.6692$$
$$d_6/d_7 = 4.6694$$
$$\cdots$$

上面列出的這些比值都很接近，但又並不完全相同，兩個相鄰比值之間的差別卻越來越小。費根鮑姆再計算下去，又多算了幾項後，便只能得到一樣的數值了，因為計算機的精確度是有限的啊。於是，費根鮑姆便作了一個猜測，這個比值，$(k_n\text{-}k_{n-1}) / (k_{n+1}\text{-}k_n)$ 當 n 趨於無窮時，將收斂於一個極限值：

$$\delta = 4.669\ 201\ 609\cdots$$

同時，費根鮑姆也注意到，分岔後的寬度 w 也是越變越小，見圖 4.1.2 中所標示的 w_1、w_2、w_3 等（這個寬度從 $x = 0.5$ 測量）。那麼，它們的比值是否也符合某個規律呢？計

算結果再次驗證了費根鮑姆的想法,當 n 趨於無窮時,比值 w_n/w_{n+1} 將收斂於另一個極限值:

$$\alpha = 2.502\ 907\ 875\cdots$$

　　原來這個分岔圖中隱藏著兩個常數!費根鮑姆深知物理常數對物理理論的重要性,一個新概念、新理論的誕生往往伴隨著新常數的出現,比如牛頓力學中的萬有引力常數 G,量子力學中的普朗克常數 h,相對論中的光速 c……諸如此類的例子太多了。新常數的發現也許能為新的革命性的物理理論開啟新的一扇窗。想到這裡,費根鮑姆欣喜若狂,立即打電話給他的父母,激動地告訴他們他發現了一些很不平凡的東西,他可能要一鳴驚人了。

▋ 4.2 再回魔鬼聚合物

再繼續一段費根鮑姆的故事。

當時的費根鮑姆太樂觀、太自信了。當他將有關這兩個常數的論文寄給物理期刊後，兩篇文章都遭遇被審稿者們退稿的命運。不過，費根鮑姆並不氣餒，仍然心無旁騖，繼續深究。直到 3 年之後，人們對混沌現象了解更多了，思考更成熟了，學術界才逐漸意識到費根鮑姆這個工作的重要性。於是，費根鮑姆的論文得以發表，他本人也身價倍增，被康乃爾大學聘回去當教授（他曾經在那裡做過兩年臨時助理）。「十年寒窗無人問，一舉成名天下知」，學術界也是世俗社會的縮影，人性使然，社會現實，如此而已，毫不為怪。

當費根鮑姆談到他的這個發現時曾經半開玩笑地說過：「我對分岔速度幾何收斂的猜想，是被逼出來的。」他的意思是說，當時他的計算機算得很慢，如果想要畫出一個較為細緻的分岔圖是不現實的。比如，像我們現在這樣，用電腦程式設計，對每一個離得不遠的 k 值，我們都要用邏輯斯諦方程式作幾百次疊代運算，才能畫出解析度頗高的倍週期分

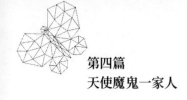
岔圖。現在的筆記型電腦完成整個計算任務,頂多幾分鐘就
夠了,但用他的 HP-65 計算機,恐怕要算好多天。因此,
費根鮑姆被「逼」著動腦筋想辦法,因為他感興趣的只是
分岔點,所以只需要對每個分岔點附近的幾個 k 值作疊代就
可以了,並不需要對所有的 k 值作疊代。於是,費根鮑姆被
逼著研究分岔點之間的規律,試圖從一個分岔點預言下一個
分岔點的位置,這樣就可以直接跳到下一個分岔點附近作計
算,大大節約運算的時間。換句話說,計算機速度太慢的困
難迫使費根鮑姆領悟到並利用了分岔間距的幾何收斂性,也
同時促成了費根鮑姆常數的發現。試想,如果當時費根鮑姆
利用的是大型超級電腦,說不定他就與這個重大發現擦肩而
過了。

　　一開始,費根鮑姆以為他的常數可以用別的已知常數表
示出來。比如 π、e 等著名常數,但是湊了好多天也沒有湊出
任何結果。費根鮑姆想,難道這是反映混沌世界出現的兩個
特別常數?如果只是與有序到混沌的過程有關,那麼,除了
邏輯斯諦系統之外,在別的系統,混沌魔鬼是不是也按照這
個規律出現呢?想到這裡,費根鮑姆再一次拿起了他的寶貝
計算機,對另一個簡單的非線性系統(正弦映射系統):

$$x_{n+1} = k \sin x_n \qquad\qquad (4.2.1)$$

產生渾沌的倍周期分岔過程作研究。

對正弦映射系統倍週期分岔過程的計算結果讓費根鮑姆激動不已，因為結果表明：正弦映射系統中的混沌魔鬼，與邏輯斯諦系統的混沌魔鬼遵循著一模一樣的規律。它們誕生的速度比值中都有一個同樣的幾何收斂因子：

$$\delta = 4.669\ 201\ 609\cdots$$

分岔後的寬度也和邏輯斯諦系統的分岔寬度遵循同樣的幾何收斂因子而減小：

$$\alpha = 2.502\ 907\ 875\cdots$$

正弦映射和邏輯斯諦映射的疊代函數完全不一樣，一個是正弦函數，另一個邏輯斯諦映射，是二次的拋物線函數

$$x_{n+1} = k x_n (1 - x_n) \tag{4.2.2}$$

但是，兩個系統中的混沌魔鬼卻以同樣的速度誕生！這個奇妙的事實說明，δ 和 α 兩個費根鮑姆常數與疊代函數的細節無關，它們反映的物理本質應該是只與混沌現象，或者說只與有序到無序過渡的某種物理規律有關，這就是學術界最後所領悟到、不得不承認的費根鮑姆常數的普適性。簡單的 HP-65 計算機的確功勞不小，1982 年，費根鮑姆被聘為康乃爾大學教授。1986 年，費根鮑姆獲得沃爾夫物理學獎，同一年，他受聘為洛克斐勒大學教授。

之後，各行業的專家們研究了更多動力系統的倍週期分

岔現象，其中包括羅倫茲系統、邏輯斯諦系統、正弦對映、厄農映射、納維 - 斯托克斯映射、電子混沌電路、鐘擺等，我們在圖 4.2.1 中列出了其中的一部分。人們發現，只要是透過倍週期分岔而從有序產生混沌的過程，都符合費根鮑姆常數所描述的規律。不過，對費根鮑姆常數更深一層的物理本質，似乎仍然知之甚少，科學家們仍在努力探索中。此外，從有序過渡到無序的過程，除了透過倍週期分岔之外，還有三週期分岔、多週期分岔以及別的途徑，這些理論還不十分清楚，都有待人們去研究和發掘，這是一個值得人們去探索和耕耘的新領域。

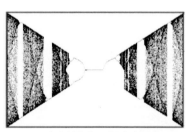

正弦映射的倍週期分岔圖

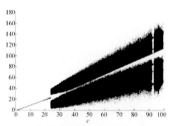

羅倫茲系統的倍週期分岔圖

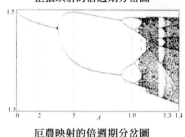

厄農映射的倍週期分岔圖

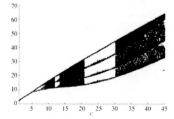

若斯勒系統的倍週期分岔圖

圖 4.2.1 更多的倍週期分岔混沌系統

費根鮑姆常數也出現在曼德博集美妙的圖形中，那個被曼德博自己稱為「魔鬼聚合物」的圖形，將邏輯斯諦映射中的魔鬼聚合在它的實數軸上，見圖 4.2.2。

實際上，邏輯斯諦系統的疊代方程式（4.2.2）可以很容易地變換成同為二次函數的曼德博集疊代方程式：

$$x_{n+1} = x_n \cdot x_n + c \qquad\qquad (4.2.3)$$

不過這裡的 c 只取實數值。當 c 值從 -2 變到 1/4 時，用曼德博集的公式（4.2.3）進行疊代，並將對應於每一個 c 值的、疊代 100 ～ 200 次的結果用黃色點表示出來，便能得到如圖 4.2.2 左上圖所示的與從邏輯斯諦疊代所得到的、一模一樣的倍週期分岔圖。

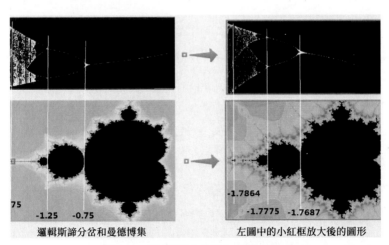

邏輯斯諦分岔和曼德博集　　　　　左圖中的小紅框放大後的圖形

圖 4.2.2 倍週期分岔圖和曼德博集

注：連線上下兩圖的白色豎線表明邏輯斯諦分岔和曼德博集之間的關聯，白線下端的數字對應於曼德博集中不同的複數 c 的實數值。

155

▌ 4.3 混沌遊戲產生碎形

在第二篇中我們介紹過龐加萊和他發現的三體問題的混沌解。龐加萊是優秀的數學家,但本質上又是保守的。而且,他的數學眼光大大超越了他的物理眼光和哲學眼光,因此才錯失了發現狹義相對論的機緣。

龐加萊在狹義相對論的表現和他在看到混沌現象時的表現,都是出於同樣的在哲學上和物理上的保守觀念。其實,當初他已經發現了對初始條件極為敏感的混沌現象。但有人認為,龐加萊並沒有把他對同宿交錯網,也就是對混沌現象的全部想法完全寫進他的著作。他最後提交的三體問題相關論文,有長長的 270 多頁,而且後來,他還就此問題,發表了三大卷《天體力學的新方法》(*Les méthodes nouvelles de la méchanique céleste*),對天體力學做出了重要的貢獻。但是,他對同宿交錯網及混沌,卻只是在他的書的第三卷第 397 節中簡單提了一下,龐加萊當時只是為了強調:N 體問題的解的複雜性超出了人們的想像能力。到底有多複雜,他並沒有說清楚。如果龐加萊在他的著作中,將他對混沌的直覺,多寫一些,人們就可能提前好多年發現混沌理論了。

可以認為龐加萊保守，也可以說他的想法和計算的結果大大地超越了那個時代！那是 19 世紀末期，人們對自然界的基本理解還是完全決定論的。

混沌的想法完全不符合當時知識界的樂觀情緒。那時的人們津津樂道的是，若給定現在的狀態，則人類有能力預測未來的一切！

20 世紀初，量子力學的建立動搖了決定論的思想。根據量子力學中的不確定性原理，兩個互為共軛的物理量，例如位置和動量、能量和時間，無法同時具有確定的值。這樣一來，系統的初始條件是無法完全精確確定的。

不確定性原理並不難理解，在工程中，也有兩個物理量不可能同時被精確測量的情況。比如說：時間和頻率。這是因為，所謂頻率，指的是一段時間內的振動次數。如果你把這一段時間精確到一個理想的時間點的話，頻率當然就失去意義了，就像對一個時間點，速度的定義失去其意義一樣。

此外，雖然很多現象都被稱為混沌，看起來都雜亂無章、一片混亂，但有些情況下仍然有一定的規律可循。混沌現象雖然看似隨機，但是與真正的「隨機過程」還是風馬牛不相及。一是它們畢竟是確定的微分方程式的解，某些「混沌」中，仍然包含著「決定」的成分！二是羅倫茲方程式產生的混沌，與三體問題中的混沌，也有所不同，因為它們是

與不同的微分方程式有關。

這裡所說的混沌現象，被稱為「決定性的混沌」（deterministic chao），並不完全等同於「隨機」，但是和隨機過程有關係，它是隨機過程和決定規律的結合。

羅倫茲方程式產生的混沌，也顯然不同於三體問題產生的混沌，因為它們有不同形態的奇異吸子，分別作為它們各自的標籤！這些奇異吸子對應於不同的碎形，碎形有決定的一面，也有其隨機的一面。

總結我們迄今為止所介紹過的碎形，大概有如下 3 類：

1. 科赫曲線、謝爾賓斯基三角形、碎形龍等，可以從線性疊代過程產生；
2. 曼德博集、朱利亞集，從非線性複數疊代過程產生；
3. 奇異吸子，由羅倫茲方程式或三體運動方程式等非線性微分方程組產生。

前面幾章中，曾經介紹用疊代的方法構成碎形。此外還可以利用隨機過程產生碎形，這種方法被稱為「混沌遊戲」。

也就是說，碎形可以從隨機過程產生出來！下面，我們以謝爾賓斯基三角形為例（圖 4.3.1），解釋如何玩混沌遊戲。

在初始圖形上，畫上紅、綠、藍 3 個頂點，以及隨意選擇的起始點 z_0，再準備一個能隨機產生紅、綠、藍之一的隨

機產生器。這很簡單，比如說，我們可以將標有 $1 \sim 6$ 的骰子重新貼標籤：第 1、4 面貼紅色，第 2、5 面貼綠色，第 3、6 面貼藍色，這樣，這個骰子就能讓我們達到隨機選擇紅、綠、藍的目的了。然後，我們就可以開始混沌遊戲。

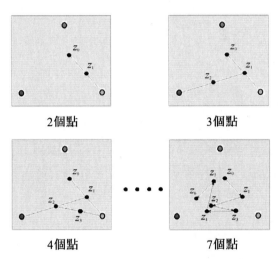

2個點　　　　　　　3個點

4個點　　　　　　　7個點

圖 4.3.1 用混沌遊戲方法生成謝爾賓斯基三角形

如圖 4.3.1 所示，從 z_0 開始，利用隨機選出的顏色點（這時是綠色），取 z_0 到綠點的中點，作為下一個點 z_1，然後，又利用再次隨機選出的顏色點（這時是藍色），取 z_1 到藍點的中點，作為 z_2…如此往復地做下去，得到 z_3、z_4、z_5、z_6…

開始時，實驗點不夠多，分布得亂七八糟的點，似乎看不出什麼名堂，但當我們增加實驗點的數目，情況就改變了。從圖 4.3.2 可見，如果用大量隨機的點做上面的混沌遊

戲，最後便構成了謝爾賓斯基三角形。

　　仔細觀察圖 4.3.1 和圖 4.3.2，都是這樣：每次隨機選擇一個頂點，取中點作為下一點，一直繼續做下去，最後就產生出謝爾賓斯基三角形了！其實這很類似於用疊代法產生謝爾賓斯基三角形，每次疊代的過程，都是將原來圖形的尺寸縮小到 1／2，變成 3 個小圖形，放在 3 個頂點附近而成的。這疊代時的尺寸縮小一半，就和混沌遊戲中的取中點相聯起來了！不過，在圖形疊代時，我們看到的是同時產生了 3 個小三角形，像是平行運算。在混沌遊戲中，所有碎形的點卻是一點接一點，序列而隨機地加到圖上去的。這就是叫做混沌遊戲的原因。看起來混沌，本質上卻和疊代的效果是一樣的！

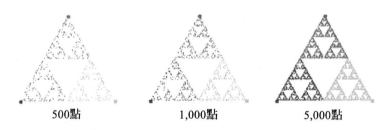

| 500點 | 1,000點 | 5,000點 |

圖 4.3.2 生成謝爾賓斯基三角形的混沌遊戲，不同實驗點數的不同結果

　　不過，在上述例子中，用混沌遊戲產生的謝爾賓斯基三角形比較簡單。隨機選擇頂點，再找中點就可以了。但是，一般碎形的情況怎麼辦呢？還有那些由非線性方法產生的碎

形呢？也能用混沌遊戲產生出來嗎？

　　原則上應該是可以的。數學的特點，總是從一個特殊的例子，抽象成一個一般的數學問題，再研究出一般的解決方法來。

　　產生碎形所用的疊代方法，可以抽象成一組收縮變換函數，數學家們將此稱為疊代函數系統（iterated function system，IFS）。任何碎形，只要找到了對應的 IFS，就能用疊代法（或者是混沌遊戲的方法）產生出來，非線性的情況也一樣。比如說，下面公式即為謝爾賓斯基三角形的 IFS：

$$f_1(z) = z/2$$
$$f_2(z) = z/2 + 1/2$$
$$f_3(z) = z/2 + (\sqrt{3}+1)/2$$

　　用 IFS 將疊代規則和混沌遊戲連繫起來。謝爾賓斯基三角形的 IFS 中的（1/2），正是疊代過程中所說的「尺寸縮小一半」和混沌遊戲中「取中點」這一類操作的數學表達。

　　剛才我們總結過，有 3 類不同的碎形。前面兩種碎形（簡單的和曼德博集）都顯而易見可從疊代過程產生；而第三種奇異吸子的碎形，本來是微分方程式的解，要怎麼與疊代過程連繫起來呢？

　　求解微分方程式，一般來說都得不到解析解，但我們可以藉助電腦技術得到數值解，得到數值解的過程就是做疊

代。例如,可以從初始時間 t_0 時的初值開始,用疊代法產生下一個時間 t_1 時的值,以及再下面的 t_2、$t_3\cdots$ 時的值。將這樣用疊代法得到數值解的過程畫出來,就得到碎形的影像顯示(圖 4.3.3)。

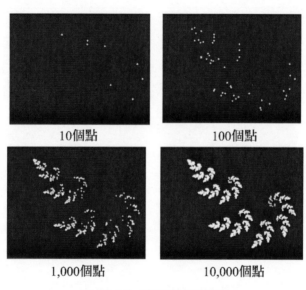

10個點　　　　　　100個點

1,000個點　　　　　10,000個點

圖 4.3.3 生成樹葉的混沌遊戲

4.4 混沌和蘭州拉麵

這個標題也許會讓人吃驚，混沌和蘭州拉麵有什麼關係啊？

當我們將圖 4.4.1 中的圖（a）和圖（b）比較一下，就有點明白上面那句話的意思了。圖（a）來自於電腦螢幕，那是混沌之標示，羅倫茲吸子的圖形；而圖（b）是一張照片，照片中一位廚藝高超的師傅，正在表演製作神奇的蘭州拉麵。兩幅圖看起來確實是挺像的。

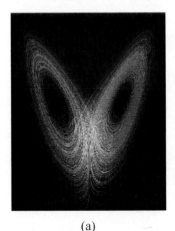 

(a)   (b)

圖 4.4.1 羅倫茲吸子和蘭州拉麵
（a）羅倫茲吸子；（b）蘭州拉麵

　　蘭州拉麵和混沌現象的確能扯上一點關係，不僅是圖中顯示的最後結果，還因為它們的形成過程也有許多相似之處。當然，圖 4.4.1（a）中羅倫茲吸子顯示的是動力系統的混沌解在相空間的軌道，而圖 4.4.1（b）蘭州拉麵表演中顯示的是拉細了的麵條。但是，儘管兩個圖中的具體對象風馬牛不相及，我們卻可以用一個同樣的數學模型來描述它們生成的過程，那就是美國數學家史蒂芬·斯梅爾（Stephen Smale）1967 年發現的「馬蹄映射」（圖 4.4.2）。

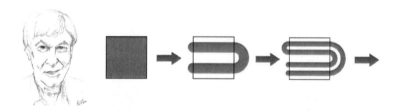

圖 4.4.2 史蒂芬·斯梅爾和他的「馬蹄映射」

　　簡單地說，馬蹄映射可以作如下理解。

　　將一個方形沿一個方向壓縮，而沿另一個方向拉長，再摺疊起來成一個馬蹄形，馬蹄的絕大部分放回原來的方形中。第二次，又將所得圖形壓縮、拉長、摺疊，然後，再壓縮、拉長、摺疊；同樣的操作一直循環往復下去。

　　有趣的是，如果我們用通俗的語言來描述上面介紹的馬蹄映射，還正是蘭州拉麵師傅用一個大麵團製作拉麵的過程：將麵團桿成一個方形，然後拉長，摺疊起來形成一個馬

蹄形，再變方形、拉長、摺疊，一直循環，直到麵條拉成我們喜歡吃的粗細為止。

拉麵師傅並不懂幾何圖形變換，但卻直觀地使用著數學家史蒂芬・斯梅爾提出的方法！

不過，這史蒂芬・斯梅爾何許人也？馬蹄映射與混沌理論又有什麼關係？當我們已經學習並了解了混沌現象的方方面面之後，為什麼又要學它呢？

讓我們從這裡的主角斯梅爾談起。

史蒂芬・斯梅爾於 1930 年生於美國密西根州。雖然他在朋友們的眼中是一個聰明的年輕人，但他在大學時的成績卻似乎毫無突出可言，平均成績為 C，偶然得一兩個 B 而已。

也許金子總要發光，不管怎麼樣，斯梅爾後來終於浪子回頭，大器晚成。從獲得博士學位後到芝加哥大學任教開始，他一頭栽進數學，迷上了龐加萊創立的拓撲學，且頻頻做出具世界級水準的成果。

拓撲學研究的是幾何圖形的某種不變的內在性質。比如說，從拓撲學的觀點看來，用麵團揉成的球和麵團揉成的橢球是一樣的。但是，如果將麵團做成麵包圈，就和麵團球的拓撲形狀不一樣了，因為這時候，麵團的中間有了一個洞。因此，可以通俗地說，拓撲學便是專門研究一個幾何形體有沒有洞、有多少個洞、有沒有打結、如何打結、打了幾個結

等等諸如此類的問題。這些問題聽起來好像不難，但是，如果要你用嚴格抽象的數學語言來描述，不只像麵團這種我們眼睛能看得見的二維、三維情形，還有 n 維情形，你恐怕就要苦思冥想大半天啦。

斯梅爾雖然讀書時的成績差強人意，可研究起拓撲問題來卻是得心應手。1957 年，初出茅廬的他就解決了一個世界級水準的球體翻轉問題，證明了將一個球面很好地從內翻到外是可能的。過了兩三年之後，斯梅爾玩拓撲的高明技巧再一次一鳴驚人，他證明了「廣義龐加萊猜想」。這次的成就令世人矚目，還使他贏得了 1966 年的菲爾茲獎，這是數學領域的最高榮譽，人們常稱其為「數學界的諾貝爾獎」。斯梅爾又於 2006 年獲得沃爾夫獎。

斯梅爾在數學上有十分驚人、超凡脫俗的洞察力。在別人認為非常困難、不容易突破的研究方向上，他往往猛下工夫，而又總能出人意料地取得成果。就說他破解「廣義龐加萊猜想」一事吧，原版的「龐加萊猜想」是針對四維以下的拓撲流形的。實際上，一維、二維的情況很平凡，早在 19 世紀就已經解決，只剩下三維情況未解。而「廣義龐加萊猜想」呢，針對的是四維和四維以上的拓撲流形，正如我們剛才所說的，高維的幾何圖形超出人的想像能力，一般要比低維的情況更困難。因此，大多數的數學家都死命地啃三維

「龐加萊猜想」這根原始大骨頭。可是，斯梅爾與眾不同，從一開始就咬住四維以上的情況不放，也許在他的潛意識中已經發現到，這個特殊問題對高維而言可能更容易吧。總之，斯梅爾最後使他的同行們大吃一驚，這根高維骨頭居然被他啃斷了！而直到 20 多年之後，1982 年，四維的情形才被麥可‧弗里德曼（Michael Freedman）解決，他也獲得菲爾茲獎。又過了 20 多年，在 2003 年，37 歲的俄羅斯數學家格里戈里‧帕雷爾曼（Grigori Parelman）最終解決了三維的原版龐加萊猜想，也得到菲爾茲獎，以及克雷數學研究所的 100 萬美元獎金。但是，帕雷爾曼卻拒絕了這兩個許多數學家夢寐以求的榮譽；此是題外話，在此不表。

　　言歸正傳，還是回到斯梅爾及其與「混沌和蘭州拉麵」有關的故事。

　　斯梅爾攻破「廣義龐加萊猜想」是在里約的海灘上。美麗的海邊風光和巴西多采多姿的文化氛圍，也許最能激發科學家的想像。斯梅爾是龐加萊的粉絲，在迷人的海灘上，他不僅思考著龐加萊開創的拓撲學，也時而追索龐加萊一手建構的另一個寵兒：非線性動力系統理論。無論是在蔚藍海水裡暢遊，還是蹦進街上的人群中狂跳森巴舞，斯梅爾的腦海中總擺脫不了拓撲和動力系統這兩個倩影。

　　對動力系統，斯梅爾感興趣的是所謂結構穩定性的問

題。我們在 2.9 節中，介紹了李雅普諾夫指數，也討論過邏輯斯諦系統的穩定性問題。複習一下圖 2.9.4 中所顯示的邏輯斯諦系統的李雅普諾夫指數，我們記起來了：指數為負數時，系統穩定；如果指數大於0，則系統不穩定，出現混沌。

李雅普諾夫指數所對應的是系統的區域性穩定性，是關於每個平衡點穩定與否的問題，與斯梅爾考慮的結構穩定性不同。結構穩定性考慮的是系統整體全域性性的穩定。

我們用一個不太恰當的比喻來說明這種不同。

圖 4.4.3 中，圖（a）和圖（b）表示一種特別形狀的搖籃。這種搖籃底部凹凸不平。對小寶寶（圖中用小球表示）來說，位置 2 是不穩定的，位置 1 和位置 3 是穩定的。與這種穩定性對應的李雅普諾夫指數在 2 處為正，在 1、3 則為負。因此，圖（a）和圖（b）的搖籃都有兩個穩定點：1 和 3。

然而，如果我們談到結構穩定性的話，圖（a）和圖（b）就有所不同了。結構穩定性考慮的是系統參數改變一點點的時候，系統的動力行為是否有本質的變化。在我們的例子中，就是研究將搖籃稍加擺動時的情形，比如，我們將搖籃向左擺動一個小角度。圖（a）的搖籃應該沒有什麼大變化，點 2 仍然不穩定，1、3 穩定。圖（b）的搖籃就有變化了，點 1 被抬高一點點，就會從穩定點變成不穩定點，因而

使得系統從兩個穩定點變成了只有一個穩定點,這就叫做系統的動力行為有了本質上的變化。所以我們說,圖(a)是結構穩定的,而圖(b)則結構不穩定。

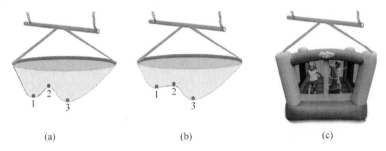

(a)　　　　　　　(b)　　　　　　　(c)

圖 4.4.3 結構穩定性示意圖
(a)結構穩定的搖籃輕微擾動不改變兩個固定狀態;(b)結構不穩定的搖籃輕微擾動將固定狀態數目從 2 變成 1;(c)狀態數可以無限多但結構還算穩定的搖籃

在圖(c)中,我們將兩個平衡點的搖籃換成了一種形狀不定的充氣小屋,用以模擬具有無限多種平衡狀態的混沌系統。在小屋裡的孩子們東倒西歪,無法站穩,沒有區域性的穩定性,系統可以有很多種狀態,頗似混沌。並且,輕微的搖動也不會改變這種整體結構的本質性質,其中的孩子總體來說是穩當、安全的。

因此,斯梅爾等研究的動力系統穩定性,是整體拓撲結構的穩定性。但是,斯梅爾一開始犯了一個錯誤。他錯誤地猜測這種穩定性只適用於非混沌解的系統,而猜測混沌系統不可能是結構穩定的。

第四篇
天使魔鬼一家人

後來，MIT 的李文森文松（Norman Levinson）致信斯梅爾，向他提供了一個結構穩定的混沌系統的反例，促使他更深入地研究混沌系統的結構穩定性問題，思考軌道的形狀在相空間中的拓撲變換。正如斯梅爾 1998 年在一篇文章中回憶道：「我原來的猜想錯了。混沌已經隱含在卡特賴特（Mary Cartwright）和李特爾伍德（John Littlewood）的分析之中！現在謎團已經解開，在這個學習的過程中，我發現了馬蹄！」[24]

斯梅爾用馬蹄映射的壓縮、拉伸和摺疊來模擬動力系統中混沌軌道複雜性的形成過程，這實際上就像廚師揉麵團的過程，也是蘭州拉麵的製作過程。伸縮變換使相鄰狀態不斷分離而造成軌道發散，摺疊變換產生不可預見的不規則軌道形態。比如說，如果廚師在揉麵團之前在麵團表面塗上一層紅色，在不停循環往復的揉捏、桿平、壓縮、捲曲過程中，紅色麵粉粒子就如同動力系統的軌道，原來相近的可能逐漸分開，原來距離很遠的可能不斷靠近，最後完全忘記了它們的初始狀態，呈現混沌（圖 4.4.4）。

斯梅爾證明了，馬蹄映射函數既是混沌的，又是結構穩定的。因此，在馬蹄映射中，混沌、區域性不穩定、結構穩定，三者同時存在。這也有些類似圖 4.4.3（c）中擺動的充氣屋，混亂、站不穩、安全，三者共存。又如跟我們熟悉的羅倫茲吸子影像那樣，混沌軌道互相交叉纏繞，永不重複，但整體來說卻結構穩定。

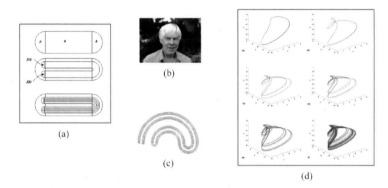

圖 4.4.4 馬蹄映射和奇異吸子的形成
（a）斯梅爾馬蹄變換；（b）美國數學家史蒂芬・斯梅爾；（c）彎曲了的
馬蹄變換；（d）單渦旋混沌的形成中有馬蹄變換的影子

　　馬蹄映射以嚴格的數學模型解釋了混沌的本質，提供了
一個對動力系統運動的直觀幾何影像，證明了混沌吸子的確
存在，不是電腦的數值計算誤差製造出來的，而主要是因為
系統的非線性特性在作怪。

　　混沌現象是非線性系統的特徵，有限維的線性系統不會
生出混沌魔鬼，但無限維的線性系統有可能產生混沌。此
外，以微分方程式描述的連續系統和與其對應的離散系統的
混沌表現也有所不同。龐加萊曾經證明，只有大於三維的連
續系統才會出現混沌。而離散系統則沒有維數的限制，我們
討論過的邏輯斯諦映射便是一個一維繫統出現混沌的典型
例子。

171

　　自然界中更多的是非線性系統，自然現象就其本質來說，是複雜而非線性的。因此，混沌現象是大自然中常見的普遍現象。當然，許多自然現象可以在一定程度上近似為線性，這就是迄今為止傳統物理學和其他自然科學的線性模型能取得巨大成功的原因。

　　隨著人類對自然界中各種複雜現象的深入研究，各個領域越來越多的科學家意識到線性模型的局限，非線性研究已成為 21 世紀科學的前沿。

第五篇
混沌魔鬼大有作為

　　英國華威大學的數學家和科普作家艾恩·史都華（Ian Nicolas Stewart）在他早期一篇有關混沌的文章中談到「混沌有何用處」的問題時曾說過，這個問題有點像是問「一個新生兒有何用處」一樣。一個新生的理論在產生實際應用之前需要有一個讓其成熟的過程。令人備受鼓舞的是，混沌理論問世之後幾十年，應用於許多學科，既用於科學研究，也用於解決實際問題。

第五篇
混沌魔鬼大有作為

5.1 單擺也混沌

400 多年，在義大利比薩城的大教堂裡，眾多的祈禱者中，有一個年輕人目不轉睛地盯著天花板上不停擺動的吊燈……

他不是在懷疑巨大沉重的吊燈會突然掉到人群頭頂上而釀成大災禍，也不像是在欣賞古老燈盤上的藝術花紋。只見他用右手手指按住自己左手手腕的脈搏處，心中像是正在默默地計數。最後，旁觀者終於明白了，原來他是在計算吊燈每分鐘擺動的次數，或者說，用他的脈搏來測量吊燈每擺動一次所需要的時間。

這個當時不到 20 歲的青年人名叫伽利略（Galileo Galilei）。他就從這個簡單的、長年累月無人注意的吊燈的擺動現象中發現了一個偉大的物理定律：儘管吊燈擺動時的幅度可大可小，但擺動的週期卻是一樣的！

接著，伽利略又對這種後人稱為單擺的物理系統進一步做了大量的實驗，得出了單擺在小幅度擺動時的運動規律：擺動的週期 T 只與擺長 L 有關，而與擺錘重量及擺幅大小無關。

$$T = 2\pi \sqrt{L/g} \qquad\qquad (5.1.1)$$

之後，惠更斯（Christiaan Huygens）利用擺的這種等時性發明了鐘錶，單擺的這個簡單原理在機械鐘錶製造中沿用至今。單擺的簡單而易於理解的運動規律，也使它成為中學的經典物理教學中必不可缺的內容。

400 多年後，當羅倫茲用「蝴蝶效應」一詞，掀起科學界的混沌風暴之時，物理學家們也回過頭去重新認真考察類似單擺這種看似簡單的物理系統。

其實，物理學家們早就知道單擺運動定律的適用範圍，如圖 5.1.1 所示，單擺的等時性本來就是建立在擺動振幅比較小的時候的線性數學模型基礎上。也許是因為線性模型在物理學中太成功了，經典科學家們在線性近似的汪洋大海中沉溺頗深，每個人都明白鐘擺的工作原理，每個物理教師都能夠在課堂上頭頭是道地解釋公式（5.1.1）的來龍去脈，每個學過中學物理的學生都做過簡單的測量單擺週期 T 的實驗。可是，對此簡單現象，大師級人物不屑一顧，普通人不過人云亦云，很少有人去認真探索和思考：一個更符合實際情況的，非線性的，尤其是在既有阻尼又有外力作用下的單擺，將如何運動呢？

第五篇
混沌魔鬼大有作為

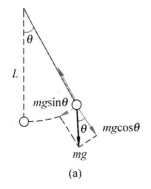 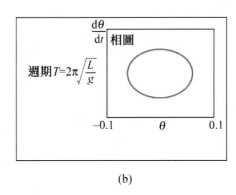

(a)　　　　　　　　　　　(b)

圖 5.1.1 單擺的線性模型

（a）單擺；（b）小振幅時相空間

　　這個簡單的經典課題在混沌理論的衝擊下展現了它豐富多彩的嶄新面貌。

　　回頭考慮公式（5.1.1）。它是在一系列近似假設下得出的結論，這些假設條件包括：

1. 單擺是沒有外力作用下的自由運動；

2. 單擺運動時沒有阻尼和摩擦，也就是說，一旦擺起來，便永遠擺下去；

3. 擺動角度很小，因此角加速度和擺動角度成線性關係。

　　正如圖 5.1.1（a）所示，單擺的運動可以用擺線相對於垂線方向偏離的角度 θ 來描述。物理學中通常用相空間中的軌跡來描述運動狀態隨時間的演化，單擺的相空間則是由角度 θ 及角加速度 ω 形成的二維空間。符合以上小振幅近似

條件的單擺，其相空間的軌跡是一個橢圓，如圖 5.1.1（b）所示。

如今，對單擺系統的研究顯示：單擺的模型雖然簡單，但在上述假設條件不成立的情況下，卻能產生極其複雜、包括混沌在內的多種動力行為。

從單擺的實驗觀測到，非線性的單擺有多種通向混沌的道路。比如，我們可舉如下一種情形為例。當觀察一個既有阻尼又有外加驅動力的單擺的運動，將會發現：

1. 當外加驅動力較小時，因為擺幅也小，單擺服從線性模型規律，比如等時性；

2. 當外加驅動力逐漸加大，單擺不再維持單一的振動頻率，運動狀態成為多個頻率的組合，其中包含 2 倍頻、4 倍頻……又同時還有不是倍數的，甚至於無法公約的其他頻率……

3. 外加驅動力繼續增加，單擺在振動的過程中，有時出現轉動……

4. 外加驅動力增加到某個數值之後，出現轉動的機率增大，單擺表現出無規律的交替振動和轉動模式。一會兒振動，一會兒又轉動，但其振動及轉動的次數、位置、方向，看似都是隨機的、不確定的。這象徵著混沌魔鬼現身了。

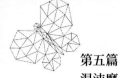

　　以上所描述的單擺運動從有序走向混沌的過程，也可從其相空間軌跡的變化情形看出來。當外加驅動力逐漸增大時，原來的橢圓圖形逐漸發生變化。剛開始，如果單擺繼續維持週期運動，相空間軌跡成為繞著中心轉圈的封閉曲線。之後，曲線逐漸變形、破裂，意味著轉動模式的加入。再後來，破裂越來越多，發生得越來越頻繁，最後產生混沌，如圖 5.1.2 所示。

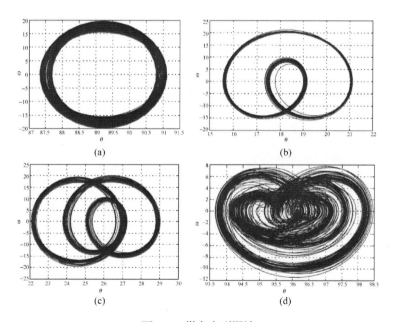

圖 5.1.2 從有序到混沌

　　根據實驗觀測結果，單擺的參數變化時，橢圓圖形有多種變化方式，根據變化參數選取的不同而不同。也就是說，

除了我們在描述邏輯斯諦系統產生混沌中提到的「倍週期分岔」的途徑之外，從單擺運動還觀察到系統從有序過渡到混沌的多種途徑，這個「條條大路通混沌」的特點在別的動力系統中也被觀測所證實。以下對幾種常見的「通向混沌之路」作一簡單介紹：

1. 倍週期分岔道路 [25]。如圖 2.8.1 所示，系統透過週期不斷加倍的方式逐步過渡到混沌。這是實驗室中研究混沌時經常觀察到的、最基本的通向混沌之路。

2. 準週期道路 [26]。系統的週期運動發生變化的情形，後來的週期並不總是一定要變成原來週期的倍數。尤其當非線性擾動中有其他頻率的分量時，若干個週期不同的訊號便疊加起來。如果這些訊號週期的最小公倍數不存在，則疊加後的訊號為準週期訊號。由於準週期訊號的不斷產生而最終導致混沌的現象，稱作準週期通向混沌的道路。

3. 陣發性混沌道路 [27-28]。系統參數變化時，原來的規則運動逐漸被一種隨機的、突發性的衝擊所打斷。這種無規律的突發衝擊越來越廣闊，越來越頻繁。系統由於這種混亂的間歇加入而逐漸轉變為完全混沌狀態的過程則被稱為「突發混沌之路」。在自然界、社會經濟、股市漲落中，經常有此類現象發生。湍流的形成過程中經常伴隨著「突發混沌」現象。

4. 橢圓環面破裂道路 [29]。從單擺的混沌實驗就觀察到這
   種現象。滿足小幅度條件下的單擺，相空間軌跡是如圖
   5.1.1（b）中所示的橢圓。之後，轉動模式加入，橢圓
   曲線逐漸變形、破裂。再後來，破裂越來越多，發生得
   越來越頻繁，還可觀察到相空間軌跡呈現出包含精細結
   構的自相似性質。最後，走向混沌，見圖 5.1.3。

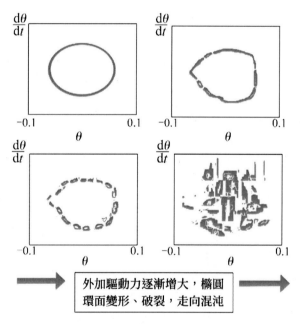

圖 5.1.3 環面破裂混沌之路

通向混沌還有許多其他途徑，尤其是在高維模型中，還
有更豐富的混沌發展模式。

▎**5.2 混沌電路**

與現代科技有關的名詞中，電這個詞彙大概是最為大眾
所熟悉的。不誇張地說，沒有了電，很難想像當今的人類文
明社會會變成什麼樣子。蒸汽機和電，是人類社會進步中不
可缺少的兩大引擎。人類對電的認識，伴隨著人類社會的每
一次進步。西元前 600 年左右，希臘哲學家泰利斯（Thales）
就發現了靜電；約兩千年之後，美國的著名政治家兼科學家
富蘭克林（Benjamin Franklin）放風箏研究雷電的形成，這
是婦孺皆知的故事。富蘭克林是一位難得的懂科學的政治
家，他起草獨立宣言、簽署美國憲法，對美國獨立的功勞僅
次於華盛頓。

如今，電已滲透到人類生活的各個方面，幾乎無所不
包、無所不用，電是人類文明的火花，為我們的生活帶來無
限光明。尤其是近年來，電子、通訊及電腦技術的突飛猛
進，這個由電引爆的一系列火花將我們的生活點綴得五彩
繽紛。

電子線路不但為我們創造了一個有聲有色的文明社會，
也為科學家、工程師們提供了最便於研究和控制的物理系

第五篇
混沌魔鬼大有作為

統。學界對很多混沌現象的研究，包括本書之前所敘述的大部分內容，都是基於一般人不喜歡聽的非線性微分方程式之類的數學模型。就連電子工程師們也是如此，儘管你說破了嘴皮告訴他們這些微分方程式如何演化到混沌行為，他們仍然想：百聞不如一見啊！既然混沌魔鬼無所不在，肯定在電路中也能找到它的蹤影。當然，電子線路中也少不了方程式，起碼有基於著名的克希荷夫定律的方程式，這些方程式看起來有些類似於羅倫茲系統的方程式哦！那麼，就有可能用我們所熟悉的、看得見又摸得著的那些電路元件，造出一個我們能夠隨意控制的小玩意兒。混沌魔鬼既能誕生其中，又被牢牢關在裡面。然後，我們便只需站在旁邊揮舞指揮棒，就能讓魔鬼在小盒子中盡情地表演一番啦！

最擅長操作電子線路的日本人就是這樣想的。日本早稻田大學松本實驗室的學者們相信，雖然羅倫茲系統中的那個看似蝴蝶翅膀的古怪吸子圖形來源於氣象科學，但電子線路也應該能創造奇蹟，達到異曲同工之妙。

不過，實驗結果很令學者們沮喪。他們的確搭建出了一個「羅倫茲」電路，又經過幾年來的不斷改進，線路越來越複雜，使用了幾十個積體電路，能調節各個參數，理論上好像已經不斷地靠近羅倫茲系統，可是不知道為什麼，這混沌魔鬼就是不肯現身！

1983 年 10 月，加州大學柏克萊分校的美籍華人教授蔡少棠訪問松本實驗室，才使松本的這個課題有了轉機。雲開日出，混沌電路誕生於世！

蔡少棠後來在一篇文章中 [30] 對那一段歷史有過生動的描述：

「我來到實驗室的第一天，就目睹他們演示這個不斷改進的，十分複雜的電路……」

松本實驗室企圖在電路中尋找混沌的想法也激起了蔡少棠的極大興趣，蔡畢竟是預言了憶阻器存在的學術界泰斗，也不愧為二十幾年後響噹噹的「虎媽」之爸 [002]。他數學物理功底深厚，又對電路理論瞭若指掌，當天晚上臨睡之前，他已經有了靈感和具體線路的構思。第二天一早，他便胸有成竹地將此想法告訴了松本實驗室的學者們。學者們迫不及待地在電腦上模擬這個電路，終於看到了思念已久的魔鬼！

這個後來被人稱為蔡氏電路的第一個混沌電路，比松本實驗室的設計簡單多了，見圖 5.2.1。

蔡氏電路是一個簡單的振盪電路 [31]，運動規律其實也多少雷同於 5.1 節中所說的單擺。只不過單擺是人眼可見的機械運動，而蔡氏電路產生的是電振盪。好在機械振盪和電振盪對一般人來說都不陌生，人們在實用中經常將兩者互相

---

[002]　蔡少棠為著名「虎媽」蔡美兒的父親。

轉換，比如當我們打電話時，便包括了無數次的電波與聲波
（機械波）的互相轉換過程。

　　這樣，我們不難理解，振盪電路應該和單擺一樣，在一
定的條件下，有可能產生混沌現象。

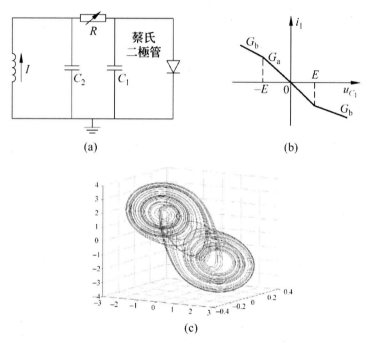

圖 5.2.1 蔡氏電路和混沌雙渦卷吸子

（a）蔡氏電路示意圖；（b）蔡氏二極體的分段非線性；（c）雙渦卷吸子

　　話雖這樣說，松本實驗室的振盪電路，為什麼改進了好幾
年，即便「眾裡尋他千百度」，卻仍然不見混沌的蹤影呢？

　　那天晚上，蔡少棠久久地注視羅倫茲吸子圖的兩個頗似

蝴蝶翅膀的惡性循環，望著那些撲朔迷離、不停繞圈的軌道。
這些軌道從一個圈中出發，有時似乎伸展欲飛，但後來卻又因
為非線性效應而彎曲摺疊到另一個圈中。每個圈都有一個中心
點。那麼，兩個中心點就意味著系統的兩個平衡點……

　　想到這裡，蔡少棠突然意識到，如果振盪電路中只有一
個平衡點，可能不容易觀察到混沌。如果利用非線性元件，
為線路提供兩個不穩定的平衡點，也許它們就能互相推動和
制約，使得電流產生伸展和摺疊的效應。這樣，就更像羅倫
茲系統，更有可能引發混沌行為了。

　　思路清晰後，再從最簡單的振盪電路開始考慮。蔡少棠
認為，為了產生混沌，振盪電路至少需滿足以下條件：

1. 非線性元件不少於 1 個；
2. 線性有效電阻不少於 1 個；
3. 儲能元件不少於 3 個。

　　規定了上面的條件就好辦了，那來搭建一個最簡單的混
沌電路吧。蔡少棠稍作計算，在一個舊信封和幾張餐巾紙上
畫來畫去，便畫出了符合以上標準的最簡單電路，也就是
圖 5.2.1（a）所示的，之後廣為所知的世界上第一個混沌電
路 —— 蔡氏電路。看來，由電路產生混沌並不需要像松本實
驗室的研究人員那樣畫蛇添足地用上幾十個積體電路啊。

　　不過，要從這個簡單電路，觀察到羅倫茲的「蝴蝶翅膀」

吸子，仍然並非易事。關鍵的問題是要巧妙地選擇電路中唯一的那個非線性元件的非線性特性。而這個元件需要具有什麼樣的非線性，才能使這個振盪電路產生兩個平衡點呢？

我們經常提到線性和非線性，簡單地說，它們是相對於某種輸入和輸出關係而言的。對電路中的元件來說，就是指流過元件的電流與其兩端電壓之間的關係。如果這種關係能用一條直線表示，則是線性元件，否則便是非線性元件。

既然線性關係可用一段直線表示，非線性的特點便是相對於直線有所偏離。例如，可以用兩段直線接起來表示最簡單的非線性特徵。在蔡氏電路中，如我們在圖 5.2.1（b）中所看到的，則用了 3 段直線連線起來，表示這個被稱為「蔡氏二極體」的非線性元件。為什麼要用 3 段直線呢？因為如此得到的振盪線路，將會具有 3 個平衡點，當我們調節線路的參數，即線性電阻 R 的數值時，可以使得 3 個平衡點中的 2 個變成不穩定的平衡點，從而最後觀察到混沌現象。

振盪電路產生的混沌易於控制和改良，因而也便於應用。在蔡氏電路中，如果不斷地改變電阻 R 的數值，可以得到各種有趣的週期相圖和吸子，可觀察到倍週期分岔、單渦捲、雙渦捲、週期 3、週期 5 等十分豐富的混沌現象。加上後來又出現了五花八門、形形色色的改進了的蔡氏電路，為混沌的研究和應用開闢出一片廣闊的新天地。

▌5.3 股市大海找混沌

碎形之父曼德博是個物理學家，但他不是首先從物理中發現碎形，而是從研究股票市場的數據開始，從而激發出靈感後才創立碎形幾何的。

股票市場太撲朔迷離、無規律可循了。曼德博是如何從股市研究發現碎形的呢？

曼德博在 2010 年，他去世前 3 個月，接受 TED[003] 的採訪時，回憶了這段歷史 [32]。

由於碎形是邊緣學問，既不屬於物理學，也非數學的主流。因此，人們經常問曼德博：「這一切是怎麼開始的？是什麼讓你做起了這個奇怪的行業？」。曼德博在 TED 演講中風趣地說：「的確很奇怪，我實際上是從研究股市價格開始的，我發現金融價格增量的曲線不符合標準理論啊！」

如圖 5.3.1 所示，藍色曲線是標準普爾從 1985 年到 2005 年 20 年間的成長曲線。如果你處理真實的所有股票每天的

---

[003] TED：Technology，Entertainment，Design 的縮寫，即技術、娛樂、設計，美國的一家私有非營利性機構，該機構以它組織的 TED 大會著稱，這個會議的宗旨是「傳播一切值得傳播的創意」。每年 3 月，TED 大會在北美召集眾多科學、設計、文學、音樂等領域的傑出人物，分享他們關於技術、社會、人的思考和探索。

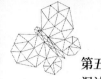
日價格增量數據，企圖得到所需要的平均值時，你就會發現：一年 365 天的所有股票中，其中的日價格增量不是很穩定的，對一些個別股票，有尖峰存在。這些尖峰不多，比如說，10 個左右吧。於是，你順理成章地把這 10 個數據去掉，因為你認為它們造成的不連續性是有害的，況且，它們無關緊要，成不了大器，放在那裡反而礙眼。

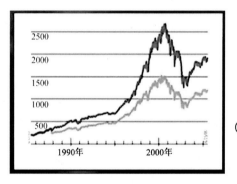

1985-2005年標準普爾

1985-2005年標準普爾
（除去最大10個價格日增量）

圖 5.3.1 標準普爾 20 年成長曲線

然後，你如此處理每年的數據，都把不連續性最大的 10 個股票值除去。你認為你除去的是發生機率很小的部分，應該無傷大雅。但其實不然，從圖 5.3.1 中就可以看出來，紅色曲線就是 10 個股票值除去後所得的標準普爾曲線，它和藍色曲線差別是很大的。

因此，曼德博認為，這幾個不連續的尖峰是不應該被忽視的。也許，那才是精髓，是問題的所在。如果你掌握了這

些，你可能才真正掌握了市場價格。如今看來，藏在這些不連續數據之中的可能就是碎形天使和混沌魔鬼的身影了！

於是，早在 1963 年，曼德博研究棉花價格時[33]，就開始用這種碎形的觀點來描述股票市場，當然，這個研究又反過來幫助他建立了碎形幾何。按照傳統金融學的觀點，股票市場遵循效率市場和隨機遊走的規律。這兩個因素使得收益率的機率近似於鐘形的正態分布。而曼德博的研究結果卻發現收益曲線並不符合正態分布，而是更接近於某種所謂「穩定帕雷托分布」。穩定帕雷托分布是一種不連續的碎形分布，因為所謂穩定，就意味著其時間變化曲線具有類似碎形標度不變的某種自相似性。

帕雷托分布是以義大利經濟學家和社會學家維弗雷多·帕雷托（Vilfredo Pareto）（圖 5.3.2）命名的，用來描述財富在個人之間的分配情況。當初，帕雷托觀察義大利的財富分配情況，發現 20% 的人佔有了 80% 的社會財富，而 80% 的人只占有剩餘的 20%。比如說，如果總財富值是 100 萬元，分配給 100 個人，那麼，最後分配的結果是：排在前面的第一個人，分得 50 萬元；前面 4 個人，共分得 64 萬元；前面 20 個人，共分得 80 萬元；而其餘的 80 個人，分剩下的 20 萬元。

圖 5.3.2 義大利經濟學家和社會學家維弗雷多‧帕雷托

這個後來被約瑟夫‧朱蘭（Joseph Juran）和其他人概括為帕累托法則（也稱為 80/20）的現象，讓帕雷托百思不得其解：個人和團體的行為是如何導致這個 80/20 法則的？分配的規律為什麼不是多勞多得呢？為什麼社會分配的結果不是 50/50，而正好是 80/20？之後，曼德博用穩定帕雷托分布來解釋股市的肥尾尖峰現象，並且發現，這個 80/20 規律與碎形和混沌的概念同出一轍，背後隱藏著深奧的數學原理：它們都來源於動力系統的非線性特點。遺憾的是，帕雷托還沒來得及知道物理學家們所研究的混沌理論就辭世了。

混沌理論有助於解釋 80/20 法則。從混沌理論的觀點，50/50 的分配是一種不穩定的狀態，正如蝴蝶效應，微小的偏離將會很快被放大。只要稍稍離開平衡態，就會向一邊傾

斜。有錢的人會越來越有錢，不一定是他們的能力所致，而是因為財富會產生財富。類似的道理，同樣條件下誕生的、開始時差不多大小的一對異卵雙胞胎，有可能因為基因的差異，出生時兩者體力方面具有稍微不同的優勢和劣勢，之後在成長的過程中，這個差異日積月累而被放大，長大後的身高和體型有可能會完全不同。

剛才的例子要說明的是，在傳統認識中以為是平衡穩定的狀態也許並不穩定，微小的偏差將導致系統按著一個意想不到的方式演化；而破壞這種狀態穩定性的根源則基於系統的非線性。

傳統的經濟學和金融學都使用線性模型，再加上無規律行走、布朗運動等隨機行為。按照傳統金融學的觀點，股票市場符合與賭場類似的規律，基本上是由參與者競爭謀利的隨機行為決定的，因而得出其機率近似於期望值為零的正態分布的結論。這意味著，無論交易者覺得自己有多聰明，從長遠來看，他只能賺到市場的平均回報率，或許還要因為交易的費用而虧損。從理論上就不可能存在穩定獲利的機會。但這是與股市多年來的實際數據不符合的。

也就是說，正態分布所描述的是一種平衡狀態，它是在忽略了某些極端事件情形下得出的近似，這種極端事件被認為是極其罕見的。

第五篇
混沌魔鬼大有作為

　　金融界學者對收益率的正態分布描述，1959 年做出第一個統計檢驗的，是海軍實驗室的物理學家奧斯本（Matthew Osborne）。曼德博 1963 年觀察棉花價格時也發現了肥尾尖峰現象。市場價格隨著時間變動圖中，有相當多的突然急升急降的劇烈變化，這些變化不容忽視，它們使得總體分布曲線不同於正態鐘形曲線，也正是這個相對於正態分布的「尖峰」和「肥尾」，使得分布情形符合 80/20 的帕雷托分布原則。金融經濟學家尤金·法馬（Eugene Fama）[34] 在 1970 年推廣了曼德博的發現，他觀察到收益率曲線的尾部比正態分布預言的更寬，而峰部比正態分布預言的更高，表現「尖峰肥尾」。之後，人們在對道瓊指數和 S&P、國庫證券等價格變化的研究中，也發現了同樣的現象。這些研究提供了足夠的證據，說明美國的股票市場及其他市場的收益率不是正態分布的。

　　從此以後，股市收益率究竟服從正態分布還是非正態分布，就成了金融理論一個難解的謎。相信正態分布的學者提倡被動投資，就是買了股票就放著不動，例如指數基金，不指望賺大錢，但是也不大賠，穩賺市場的平均回報率。問題是，正態分布理論忽視金融危機的可能性，低估了危機下的金融風險。美國 2008 年的金融危機，讓保守的退休基金會的資產也大幅縮水。相反，相信非正態分布的經濟學家，高估

了市場的金融風險，也低估了金融機構的資本緩衝。市場的實際情形並非如此，在美國歷史上，像大蕭條和 2008 年的金融危機，歷史上並不多見。這就像瞎子摸象。正態分布派說大象像柱子那樣穩，非正態分布派說大象像扇子那樣不停擺動。實際上如何呢？大像有時站著不動，有時焦躁不安。股市也是這樣。

從非線性動力學的觀點，金融世界更像一個正在演化的有機體。它並不是個別部分的總和，而是整體的、非線性的，處於一個不平衡的狀態，平衡僅是一種稍縱即逝的幻象。

1982 年和 1983 年，美國經濟學家理查德‧戴（Richard Day）發表了兩篇論文，在理論上把混沌模型引入經濟學理論，但是沒有經驗證據的支持 [35-36]。之後，以 1987 年「黑色星期一」為契機，混沌經濟學形成了一股不小的研究熱潮，使混沌經濟學開始步入主流經濟學的領地。再後來，1985 年開始，巴奈特（William Barnett）[37]、陳平 [38]（圖 5.3.3）、索耶斯（Richard Sayers）[39] 等也都在各種市場經濟數據中找到了混沌吸子，但是，對經濟混沌的政策含義，經濟學家們有很大的分歧。

第五篇
混沌魔鬼大有作為

圖 5.3.3 陳平（左）和他的導師普利高津

　　我們原來聽過的具有混沌吸子的系統，都是可以用微分方程式來描述的系統，然後，在一定的條件下，這種微分方程式才得到了混沌解，這時相空間的軌道表現為奇異吸子。然而，股票市場一類的金融系統也有微分方程式嗎？

　　這就要首先介紹一下經濟和金融中的數學模型。經濟和金融中肯定也有數學模型，比如那種得出鐘形正態分布的所謂傳統理論，用的也是一種線性數學模型。如果採用非線性的模型來替代原來的線性模型，在一定的情況下，就可以產生出混沌，畫出經濟和金融中的奇異吸子了。

　　金融市場十分複雜，影響的因素太多，還有人的心理因素在其中發揮作用，不那麼容易用一個簡單的數學模型來描述。經濟學家戴在 1983 年就曾經根據生態繁衍遵循的邏輯斯

諦方程式來建立經濟模型。然而，戴的邏輯斯諦方程式數學模型，對金融市場來說太簡化了，現實中並不存在。人們更熱衷於利用金融股票市場中多年以來大量的數據累積，企圖透過對這些數據的分析，以實證的方法大海撈針，撈出那麼幾個藏著混沌魔鬼的模型來。

後來，人們從貨幣指數中發現了經濟混沌，並找到了描寫經濟混沌的方程式，發現經濟混沌與交通流和神經元的混沌有共通之處。生物混沌和經濟混沌的本質都是大群粒子的集合運動，與布朗運動理論中把股市中的人看成一個單粒子有本質區別。

有一個金融市場混沌理論研究方面的權威人士 —— 埃德加·彼得斯（Edgar Peters）[10]。

彼得斯是美國一家著名投資基金的研究部負責人，該基金管理著 150 億美元的資產。彼得斯既有豐富的投資實踐經驗，也有濃厚的經濟學理論基礎。他根據混沌理論，對金融市場數據作了大量的研究，並相繼出版了《資本市場的混沌與秩序》（*Chaos and Order in the Capital Markets*）、《碎形市場分析》（*Fractal Market Analysis*）、《複雜性，風險與金融市場》（*Complexity, Risk, and Financial Markets*）三本大作。這套金融混沌三部曲，探討了混沌理論在金融領域中的應用，呈現了金融世界的非線性動力學本質，為重新認識資本

市場開闢了全新的思路。

從金融股票市場的大量數據來看，它們的確比混沌還要混沌。我們前面所介紹的混沌理論中的混沌實際上是有一定規律的，在紊亂現象的背後，卻隱藏著一個確定的邏輯，一個可知的非線性關係。而混沌經濟學家們就是想要從更為混亂的經濟數據中，找出某種「決定性的混沌」來，這樣的話，也就找出了一種可知的非線性關係。那時候，才會有一定的可能性，在一定程度上來預測和調節股票市場。

金融和經濟學中的混沌是來源於系統本身內在的隨機性，因此，外在干預的效果表現得十分有限。研究者還發現，宏觀經濟的混沌運動，與羅倫茲系統及邏輯斯諦系統的混沌有所不同，混沌中疊加了一個（或多個）類似於週期的波動，波動週期平均為 4 ～ 5 年，這使得金融經濟系統的時間序列具有很強的自相關性，頻譜則不再是對所有頻率都一視同仁的水平線，而是包含了更多的與此週期相對應的頻率。換句話說，羅倫茲系統及邏輯斯諦系統的混沌可看作是具有均勻頻譜的白混沌，而金融和經濟學中的混沌卻表現為一種色混沌 [40]。

證實了經濟混沌（色混沌）的存在，不一定就能大大改進經濟預測的能力，但是卻可以大大改善市場的調控。對股市的研究發現，無論股價是大幅還是小幅漲落，整個股市和

宏觀經濟的指數變動頻率相當穩定，美國百餘年來的經濟週期長度在 2 ～ 10 年。大蕭條和 2008 年的金融危機都有一個共同點，危機前都有長達 10 年左右的擴張期。這啟發我們想到奧地利經濟學家熊彼得（Joseph Schumpeter）的經濟週期理論。熊彼得認為經濟週期不是什麼隨機過程，而是生理時鐘那樣的新陳代謝[41]。健康的經濟，必須維持正常的波動週期，要是再遇上網路泡沫或房地產泡沫，政府就要下決心捅破泡沫，進行結構調整。不能等到瘋狂的股市突然崩潰再去救市，那樣社會代價太大。換言之，主張布朗運動的經濟學家，都是自由市場的信徒，無論是正態分布還是非正態分布，投資者和監管者都只能放任自流，而根據經濟的色混沌理論，則有可能對市場進行適當的調控。

第五篇
混沌魔鬼大有作為

5.4 混沌在 CDMA 通訊中的應用

　　混沌理論除了能夠說明和解釋形形色色的複雜現象之外，在工程技術應用中也嶄露頭角。例如在現代通訊領域中，混沌通訊正在逐漸成為一個新的分支，主要的應用包括混沌展頻、混沌同步、混沌密碼、混沌鍵控、混沌參數調製等。這裡我們以混沌在 CDMA 展頻通訊技術中的應用為例。

　　首先介紹一下 CDMA 展頻通訊是什麼。這得從通訊過程講起。

　　通訊的目的是要傳遞訊息，傳遞訊息需要媒介。古時候的通訊用鼓聲、烽火、鴻雁、信鴿等作為媒介；後來，用火車、飛機運載郵件，以火車、飛機為媒介；再後來的電話使用電子訊號為媒介。現在用的手機使用的媒介是什麼呢？大家都知道，那是無線電波，是某個頻率的無線電波。無線電波就像是一列火車，需要傳遞的訊息，就搭載在火車上，當滿載訊息的火車到達目的地後，再將訊息下載並還原。

　　不同頻率的無線電波便像是不同的火車。但是，無線電波用於通訊的方面太多了，除了我們的手機之類的行動通訊之外，還有廣播、電視及各種軍事用途等。因而，頻率火車

的列車數有限,分配給行動通訊的列車頻率數目遠遠不夠用。可手機的使用者又越來越多,手機太方便、太重要了,連小學生都希望能人手一個。怎麼辦呢?工程師們絞盡腦汁,將原來的頻率火車進行一些複雜的技術上的改裝,變成了多個不同的專用列車。這就是現代通訊中使用的多重進接。

如何改造出更多不同的火車來呢?我們首先研究一下有哪幾種改造的方法,也可以說成是:給予無線電波一定的頻率範圍寬度(比如 1 兆),有哪幾種方案將它們分配給不同的(比如 100 個)使用者地址呢?第一種方案就是原來常用的方案:100 個使用者平分這 1 兆,每個使用者分得百分之一兆的頻寬。顯而易見,如果使用者增多,每人所分的頻寬就會變小,這種方案就不靈光了。因為我們大家都聽說過,頻寬不夠會影響通話品質,或者甚至無法通話。

工程師們還有另外兩個辦法,按照時間來分配或者按照編碼來分配。我們用圖 5.4.1 來解釋這 3 種不同的多址方式。

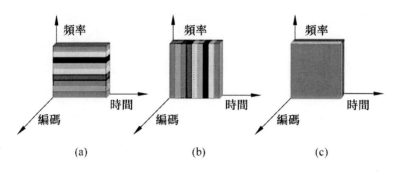

圖 5.4.1 3 種多址方式的比較
（a）分頻多重進接（FDMA）；（b）分時多重進接（TDMA）；（c）分碼多重進接（CDMA）

一定的頻率範圍、一定的時間段、使用不同的編碼方式，這就像是給定了一個三維的紙盒子，如圖 5.4.1 所示。選擇多址方式，就是選擇如何在這個盒子裡分配使用者。在圖中，用各種不同的顏色表示不同的使用者：

（a）以頻率而分：分頻多重進接（FDMA）；

（b）以時間而分：分時多重進接（TDMA）；

（c）以編碼而分：分碼多重進接（CDMA）。

分頻多重進接方式把可以使用的總頻段劃分為若干個互不重疊的頻道，分配給使用者；分時多重進接則將時間劃分成許多時間小間隙作為訊號通道。也就是說，在分頻多重進接系統中，每個使用者雖占有全部的時間，卻只有很窄的頻寬度，而在分時多重進接系統中，使用者可能擁有整個頻

寬，卻只有很短的時間。分碼多重進接方式不以分割時間或頻率來區分使用者，每個使用者都占有整個頻寬和全部時間，但卻有不同的編碼序列，不同使用者以編碼而分。

由於分碼多重進接系統中的每個使用者都有足夠寬的頻率範圍和時間範圍，因而具有許多優點：頻譜利用率高，容量大，抗干擾能力強、保密性好等等。所以，分碼多重進接（CDMA）當初成為 3G 通訊的首選。為了具體實現 CDMA，我們需要在為訊息編碼的同時，擴大訊息的頻帶，這就是「展頻通訊」。

我們已經知道，一個混沌訊號是由週期分岔又分岔，頻率成倍再成倍而得到的，因此，混沌訊號具有很多頻率，也就是說，有很寬的頻譜。而在 CDMA 通訊中，又需要展頻技術，這樣看來，混沌理論可以在 CDMA 通訊中派上用場。

關於展頻通訊，還有一段有趣的歷史。

儘管以展頻技術為基礎的 3G 通訊近年來才迅速發展，展頻技術卻已經有了好幾十年的歷史。有趣的是，它最早的發明專利屬於 1940 年代當紅的一個電影女明星。

她就是人稱「展頻通訊之母」，1913 年出生於維也納一個猶太銀行家家庭的女演員海蒂·拉瑪（Hedy Lamarr）。

圖 5.4.2 展頻通訊之母 —— 美女明星海蒂‧拉瑪
（照片來自 Wikipedia）

海蒂‧拉瑪是個貨真價實的好萊塢明星，她經歷了 6 次
婚姻，在好萊塢以風流貌美而名噪一時，連費雯麗（Vivien
Leigh）也曾經以長得像她而倍感驕傲。

1930 年代，一場失敗的婚姻改變了海蒂的命運！為了逃
離失敗的婚姻，擺脫她的眾多納粹「社交」圈中政治與軍事
鬥爭的漩渦，海蒂逃到了倫敦，並開始積極地學習和研究通
訊技術，以幫助同盟國戰勝納粹敵人。在好萊塢時，海蒂曾
結識了音樂家喬治‧安塞爾（George Antheil），喬治後來也
到了倫敦，並一心想要對對德作戰有所貢獻。因此，他們兩
人一起積極地進行一項能夠抵抗敵軍電波干擾或防竊聽的祕
密軍事通訊系統的研究，並最終製成了一個以自動鋼琴為靈
感的展頻通訊模型，並且在 1942 年 8 月得到美國的專利。

展頻通訊技術與自動鋼琴又有什麼關係呢？我們以圖 5.4.3 為例說明。圖 5.4.3（a）的自動鋼琴中，每個琴鍵代表一個頻率或者說是一段窄窄的頻帶。當鋼琴自動演奏一段曲子時，音符按照曲調在各個鍵之間跳躍，比如「C-F-G-G-A-F-D」，這時，雖然每次只彈一個鍵，但在演奏的這一段時間中，合成聲波的頻率從 A 到 F 跳躍變化。也就是說，頻率範圍不再只是一個音，而是擴大到了 A 和 F 之間。將這個道理用到通訊中，如圖 5.4.3（b）所示，讓載波的頻率 F 不固定，而是按照一定的規律跳躍，合成的結果也是使頻率範圍擴大了，達到展頻的效果。這就是海蒂和喬治當時專利中的跳頻展頻技術。載波頻率 F 跳動的規律對應於自動鋼琴所彈奏的一段樂譜，也就是通訊中所用的一種編碼。

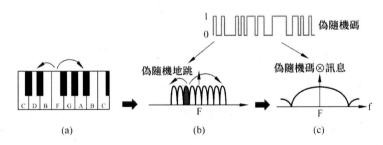

圖 5.4.3 自動鋼琴與展頻技術
（a）自動鋼琴，音符按照曲調跳躍；（b）FHSS：載波頻率 F 跳躍；（c）FHSS：載波頻率 F 固定

跳頻展頻是一種時間平均的展頻過程。在通訊技術中，

展頻方法除了跳頻展頻之外,還有圖 5.4.3(c)所示的直接序列展頻法,是將編碼與訊息相乘後再進行調製。

當時,海蒂和喬治將他們這項專利送給了美國政府,希望能夠對當時正如火如荼進行中的二戰有所幫助。遺憾的是,也許是發明家的思想太超前於技術條件的發展吧,美國軍方當時並未採用這一技術。喬治‧安塞爾於 1959 年去世時,也尚未看到他們的發明得以應用。

直到 1962 年,也就是海蒂‧拉瑪和喬治‧安塞爾的專利過期之後的第三年,該技術才第一次被美國軍方祕密使用於解決古巴導彈危機的行動中。後來,展頻通訊被深入研究,並多次用於軍用通訊領域。尤其是到了 1990 年代,在無線電行動通訊的商業界中,展頻通訊技術飛速發展,大展宏圖,還造就了許多百萬富翁。儘管如此,這項專利的原始擁有者卻未曾因此而賺取過分文。

不過,值得一提的是,1997 年,以保護技術的權利與自由為目的的團體 —— 電子前哨基金會(Electronic Frontier Foundation)頒發給 85 歲高齡的海蒂‧拉瑪一個獎項,以表彰她和喬治‧安塞爾對此電子技術的貢獻。2000 年,海蒂‧拉瑪在佛羅里達州平靜而安詳地去世。無論如何,遲到了 55 年的社會認可終能使我們的明星發明家含笑九泉,比起她的合作人喬治‧安塞爾來說,要少幾分遺憾了。

　　回到技術層面，展頻技術有兩種，跳頻展頻和直接展頻。對這兩種方法，我們都需要使用叫做偽隨機碼的某種編碼，才能達到擴展頻率的目的。

　　自動鋼琴的琴鍵按照給定的曲譜跳躍，展頻技術的頻率鍵則按照給定的編碼來跳躍。這裡的編碼，就是圖 5.4.3 中的偽隨機碼。偽隨機碼的特性對展頻通訊起到重要的作用，猶如曲譜對演奏的重要性。好作品的曲譜產生出動聽感人的音樂，與偽隨機碼性質緊密相關的則是通訊系統的保密程度。

　　從自動鋼琴到展頻通訊，這是一個「他山之石可以攻玉」的好例證。

　　人的耳朵，是音樂的接收器。我們用手機接電話時，手機則是展頻通訊過程中的接收器。鋼琴奏出的樂曲不在乎被別人聽到，通訊過程中的保密性卻是通訊的重要環節。在一對一的行動通訊中，一種偽隨機碼，只有一個手機是它的意中人，唯有此人才能辨識這種密碼構成的火車，因而才能下載火車所運載的訊息。

　　所謂偽隨機碼，正如圖 5.4.3 中所畫的，不過是一些由 1 和 0 組成的電子訊號序列。不過，對這個序列的性質，有一定的要求。

　　首先，它們表面看起來要像是隨機的，就是說，在每個時刻，隨機地選取 0 或 1。這樣，在傳播途中，對除了通訊

第五篇
混沌魔鬼大有作為

雙方之外的第三者來說，接收到的訊號與噪音沒有區別，如此才能確保安全性。

　　但是，偽隨機碼又只能是偽隨機的。只能看似隨機，而實際上卻是用確定的、已知的方法產生出來。因為如果完全隨機，完全無序的話，就沒有辦法解碼了。並且，每個使用者還得用不同的編碼方法，這樣才能區分不同的使用者，接收方才有可能產生與送出方完全相同的偽隨機碼，以達到解碼的目的。

　　此外，偽隨機展頻碼還要能很容易地用一個數位線路實現出來。技術上若太複雜了，就沒有了經濟效益。

　　CDMA 技術中常用的偽隨機碼有最大長度序列（M- 序列）展頻碼、L 序列展頻碼、Gold 序列展頻碼等。例如，應用最廣的 M- 序列展頻碼便可採用類似圖 5.4.4 所示的線性反饋移位暫存器（linear feedback shift register，LFSR）產生出來。

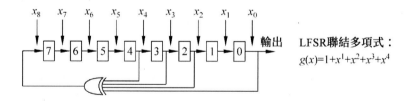

圖 5.4.4 線性反饋移位暫存器

　　可以證明，由類似於 LFSR 產生的二進位制序列，具有不錯的隨機特性。然而，它是線性數位電路的產物，所以事實上

仍是一個週期序列。週期性和我們所要求的隨機性矛盾。因此，在實際應用中，將 M 數值取的較大以拉長週期，從而增強保密性。然而，只要是週期的，偷竊者就有可能透過截獲一段時間的訊號而破解密碼。除了週期性之外，這種經典偽隨機碼還有一大缺點，就是它的數目有限，隨著行動通訊使用者的大量湧入，可用的編碼數目便顯得越來越不夠。

混沌現象的神奇特徵當然逃不過通訊專家們的眼睛，他們自然而然地將視線投向非線性電路產生的混沌編碼。混沌電路產生的序列沒有週期性，因而提高了保密程度。混沌序列的另外一個大優點，又是來源於關鍵的「蝴蝶效應」，即對初始值的高度敏感性。為什麼對氣象預報來說很討厭的蝴蝶效應，在這裡卻變成了一個大優點呢？那是因為我們可以利用這個敏感性。原因是，只要使用稍微不同的初值，其結果就大相逕庭，也就能產生出完全不同的混沌碼。這正好可以解決剛才所說的線性偽隨機碼數目不夠用的問題。

混沌碼的第三個優點，是其數學模型十分簡單，訊號易於產生，可以由簡單的非線性疊代函數得到。

我們再次以邏輯斯諦疊代為例，說明混沌碼的優越性。例如，考慮公式（2.7.2）中的係數 $k = 4$ 的情況，也就是我們在邏輯斯諦分岔圖 2.7.2 中看到的最右邊那個點。這時候的系統將永不重複地遍歷從 0 到 1 的所有狀態，呈現完全的

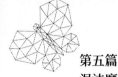

第五篇
混沌魔鬼大有作為

混沌。雖然 k 的數值已經固定為 4，但初始值 x_0 仍然可以有
所不同。如果取不同的 x_0，便可以得到不同的混沌碼。而 x_0
可以取 0 和 1 之間的任何實數，也就是說，可以構成無窮多
個不同的混沌碼（圖 5.4.5）。

	$x_{n+1}=4x_n(1-x_n)$		$(x_0 \in (0, 1))$	
n	$x_n(x_0=0.2)$		$x_n(x_0=0.200\,001)$	
1	0.2	0	0.200 001	0
2	0.64	1	0.640 002	1
3	0.921 6	1	0.951 597	1
4	0.289 014	0	0.289 023	0
5	0.585 421	1	0.585 381	1
10	0.147 837	0	0.148 746	0
15	0.003 936 03	5	0.010 723 2	0
20	0.820 014	1	0.313 694	0
30	0.320 342	0	0.130 139	0
40	0.097 874 4	0	0.546 844	1
50	0.611 733	1	0.628 073	1

圖 5.4.5 差別極微小的兩個初始值產生的兩個混沌序列

圖 5.4.5 中給出了由兩個不同的初值（相差 0.000001）
產生的兩個混沌碼。從這些數值可看出：隨著疊代次數的增
加，兩個序列逐漸分開，當疊代次數大於 15 之後，序列值的
變化便完全無關了。

因此，這裡的「蝴蝶效應」，成了混沌碼用於展頻通訊
的最大優點，因為它可以產生非常多數目的混沌碼，以滿足
不斷增加的客戶數目的需要。

第六篇
從簡單到複雜

　　從對碎形和混沌的研究我們知道，對簡單的影像（或事物）應用簡單的規則，經過層層疊代，將產生出與原來簡單圖形性質和特點完全不一樣的複雜事物。科學研究也是這樣，從研究最簡單的系統開始，許多簡單系統組合起來成為複雜系統（或稱複合系統）。很多情況下，由多個部分組成的複雜系統表現出其組成部分完全沒有的新規律，而這種規律又可能有某些跨越學科界限的共同點。例如碎形和混沌，就可能發生於物理學、化學、生物學，甚至社會學和經濟學的各種系統之中。因此，碎形和混沌便可被視為複雜系統之共同特點的表現之一。受碎形混沌的啟發，科學家們也研究複合系統的其他特點，逐漸衍生出一門專門研究這些共同特點的新學科，人們稱之為複雜性科學。

　　本篇中，首先對複雜系統表現出來的某些共同點，例如自組織、孤立子、細胞自動機等作簡單介紹，然後再提綱挈領描述湧現論的思想以及複雜性科學的基本框架。

第六篇
從簡單到複雜

6.1 三生混沌

在《道德經》中，老子是這樣闡釋萬事萬物生、發、孕、化的規律之道的：「天下萬物生於有，有生於無。道生一，一生二，二生三，三生萬物。萬物負陰而抱陽，沖氣以為和。」

老子說三生萬物，無獨有偶，研究混沌的科學家說：「週期 3 即混沌。」

我們回頭看看圖 2.7.2 中的邏輯斯諦系統的分岔圖。邏輯斯諦系統是描述生態繁衍的，如果最後的群體數趨向一個固定值，叫做週期 1；如果最後群體數在兩個固定值之間跳來跳去，就叫週期 2；最後群體數在 3 個值之間跳，就叫週期 3 了。

可以用幾個人傳球的例子來幫助理解上一段中所說的「週期」。事實上，幾個週期就是幾個人傳球。週期 1 時只有 1 個人，丟來丟去還是丟在 1 個人手上；週期 2 就是 2 個人傳來傳去；週期 3 就 3 個人傳球，週期 4 的話，傳球的人就有 4 個了。

在對混沌理論做出關鍵貢獻的學者中，有一位華人科學家李天岩。正是他和他當年的博士學位論文指導教授詹

姆斯·約克（James Yorke）一起創造了混沌（chaos）這個
名字。

約克是一位頗有個性的美國數學家，他關心政治，興趣
廣泛，才華橫溢，不修邊幅。他研究的是應用數學，喜歡探索
跨學科的邊界地帶。約克所在的美國馬里蘭大學應用數學所，
有一位做氣象研究的費勒（Allen Feller）教授。1972年，約
克從費勒教授那裡得到了羅倫茲有關氣象預測、蝴蝶效應等相
關的幾篇論文，十分感興趣。並且，約克在研究羅倫茲那3個
微分方程式時，以一個數學家敏銳的直覺，猜測如果一個連續
函數有一個週期為3的點，這個函數的長期行為就將會十分奇
特，類同於羅倫茲所發現的奇異吸子那樣。約克把這個想法告
訴李天岩，鼓勵這個得意門生證明他的這個猜想。

李天岩果然不負老師所望，大約兩星期後，就完成了這
個後來被稱為李-約克（Li-Yorke）定理的全部證明。而且，
證明簡單易懂，只用到初等微積分裡的均值定理。於是，兩
人將結果投稿到一個較通俗的刊物《美國數學月刊》（*American Mathematical Monthly*）。

不料《美國數學月刊》的編輯認為論文內容太過具有學
術性而將文稿退了回來，建議他們轉投其他刊物，或進行修
改，讓學生們能讀懂。當時的李天岩專注於自己的博士學位
論文課題，且疾病纏身，無暇顧及去改好這篇文章。

　　談到李天岩的疾病纏身，讓人不得不對李天岩這位傳奇的華人數學家多寫上幾筆。

　　李天岩，生於福建省沙縣，3 歲時隨父母到臺灣，大學畢業後到美國攻讀博士學位，師從約克教授，後來一直在美國密西根州立大學（Michigan State University）數學系任教。李天岩定居美國後數十年，長期與可惡的病魔抗爭，歷經洗腎、換腎、心臟大手術等。意志力驚人的李天岩長年累月在病床上堅持研究工作，在應用數學與計算數學中做出了不少一流的開創性貢獻 [42]。

　　話說李天岩和約克的那篇文章，從《美國數學月刊》退回之後，便一直被擱置在桌上受冷落。直到一年之後，混沌理論的開山鼻祖之一 —— 著名的生態學家羅伯特·梅，從普林斯頓大學來到馬里蘭大學，講授他的邏輯斯諦方程式。

　　聽到羅伯特·梅介紹邏輯斯諦系統的倍週期分岔現象，群體繁殖的週期數目逐漸增多又增多，最後導致奇異行為出現一事，約克恍然大悟，立即聯想到自己有關「週期3」的猜想。當演講完畢，約克將羅伯特·梅送到機場時，趕快讓他看了李天岩那篇尚未發出的文章。羅伯特·梅立即表示，文中的思想和證明也許能夠對這種因週期分岔、從有序走向無序的現象做出最好的數學詮釋。

　　一語驚醒夢中人，約克從飛機場回到學校，便立即馬不

停蹄地找到李天岩。3 個月之後，那篇著名的〈週期 3 意味著混沌〉（*Period Three Implies Chaos*）的文章才終於見於世，發表在 1975 年 12 月的《美國數學月刊》上。

有趣的是，李天岩和約克在他們文章的標題中，替那種奇異行為起了一個惡作劇式的名字：亂七八糟（chaos）。沒想到這個名字還頗得人心，隨著它所表述的理論一起不脛而走，從此名揚天下！

此故事還有一段後續插曲。

作為〈週期 3 意味著混沌〉一文的作者，「混沌」一詞的命名人，約克被邀請到處演講。一次在東柏林的演講後，約克去玩遊艇，碰到一位名叫奧利桑德‧夏可夫斯基（Oleksandr Sharkovsky）的烏克蘭數學教授，並且無比吃驚地得知，這位教授比他早十來年就證明了與他們的「李 - 約克定理」類似的定理。這是怎麼回事呢？

蘇聯學者在理論物理和數學上的成果的確不容小覷，難怪有蘇聯科學家挖苦西方人之語：「你們美國人搞的東西，我們 10 年前就有了！」

約克後來收到了夏可夫斯基寄來的論文，發表在《烏克蘭數學雜誌》（*Ukrainian Mathematical Journal*）1964 年第 16 期上，那是一本美國數學家從不問津的刊物。比起李 - 約克文章發表的 1975 年，已經整整 11 年過去了。

李天岩和約克的論文〈週期 3 意味著混沌〉的第一部分，證明的是，如果一個系統出現了「週期 3」，那麼就會出現任何正整數的週期，系統便一定會走向混沌。或者說，系統有 3 週期點，就有一切週期點！[43]。

而夏可夫斯基定理陳述了更為一般的情況，他將自然數按如下方式排列起來：

3，5，7，9，11，13，15，17，19，21，…，1 以外的所有奇數

2×3，2×5，2×7，2×9，2×11，2×13，…，2 乘上面一行

$2\times2\times3$，$2\times2\times5$，$2\times2\times7$，$2\times2\times9$，$2\times2\times11$，…，2 乘上面一行

……

然後，夏可夫斯基證明了：假設某個正整數 n 排在另一個正整數 m 的後面，那麼，如果函數有週期 m 的點，則一定有週期 n 的點。

因為 3 是這個序列中排在最前面的數，顯而易見，夏可夫斯基定理中的 $m = 3$ 的特例便是李 - 約克定理的第一部分。

這個結果看起來似乎讓美國學者無地自容，不過，李 - 約克定理的第二部分仍然能讓美國人挽回顏面，揚眉吐氣，因為這一部分是夏可夫斯基定理中沒有的，它深刻地揭示了

結果對於初始值的敏感依賴性，以及由此而導致的不可預測性，那正是混沌的本質。

蘇聯科學家們固然功底深厚，碩果纍纍，但西方學界不拘一格的活躍氣氛，跨學科間的親密接觸，理論和應用之間的配搭融合，也都是值得東方學者們深思和借鑑的。

週期 3？為什麼是「3」呢？「3」可能是個特別的數字哦，這個週期 3 激起東方哲學思維學者們的浮想聯翩。尤其是，古人的俗話中與三有關的句子太多了：

「三人行必有我師」

「三個臭皮匠，賽過諸葛亮」

「三個女人一臺戲」

「事不過三」

……

週期 3 即混沌，這不正好應驗了老子說的「一生二，二生三，三生萬物」嗎？你們看，老子並不是線性地遞推過去——一生二，二生三，三生四，四生五……，而是數到三，事情就轉了彎。這個「三」，似乎是線性到非線性的轉振點。

更為奇妙的是莊子在他的寓言中的話：「南海之帝為儵，北海之帝為忽，中央之帝為混沌。」這裡說了三個帝，其中居然還有混沌一詞。幾千年以前的先賢哲人，就將三和混沌連繫起來了！

215

▌6.2 自組織現象

　　混沌現象是非線性系統的特徵，有限維的線性系統不會生出混沌魔鬼，但無限維的線性系統有可能產生混沌。此外，以微分方程式描述的連續系統和與其對應的離散系統的混沌表現也有所不同。龐加萊曾經證明，只有維數大於三維的連續系統，才會出現混沌。而離散系統則沒有維數的限制，我們討論過的邏輯斯諦映射便是一個一維繫統出現混沌的典型例子。

　　自然界中更多的是非線性系統，自然現象就其本質來說，是複雜而非線性的。因此，混沌現象是大自然中常見的普遍現象。當然，許多自然現象可以在一定程度上近似為線性，這就是迄今為止傳統物理學和其他自然科學的線性模型能取得巨大成功的原因。

　　隨著人類對自然界中各種複雜現象的深入研究，各個領域越來越多的科學家認識到線性模型的局限，非線性研究已成為 21 世紀科學的前沿。

　　非線性科學不僅研究從有序到混沌的轉換，也對從無序中如何產生有序感興趣，因為這個問題涉及生命的產生和

進化。這方面與物理學和數學有關的主要研究方向有下面
幾個：耗散結構、自組織理論（self-organization）、孤立子
（soliton）、細胞自動機（cellular automata）和湧現論。

我們在提及混沌現象時經常說到系統的長期行為。人們
很容易理解這裡的長期，指的是時間無限流淌下去的意思。
時間是什麼？這個在日常生活中好像不言自明的概念，在物
理學及哲學中卻爭論探索幾百年，直到現在也回答不出個所
以然來。不過，時間具有方向性，一去不復返，機不可失，
時不再來，這點沒人能否定。然而，很奇怪，在經典物理學
的大多數理論中，聰明的科學家們卻忽視了這個時間的方向
性，只有熱力學除外。

熱力學第二定律，說的就是有關熱力學過程進行的方向
問題。1864 年，法國物理學家克勞修斯（Rudolf Clausius）
在《熱之唯動說》（*The Mechanical Theory of Heat*）一書中，
為了對過程發展的這個時間方向進行定量的描述，首次提出
了一個新的物理量，人們給它取了個奇怪的名字 —— 熵。

熵的概念其實也沒什麼很高深的，通俗地說，我們用熵
的大小來表徵由大量粒子（原子、分子）構成的系統的紊亂
程度。

熵是一個系統混亂程度或無組織程度的度量。克勞修斯
之後的統計物理學家波茲曼（Ludwig Boltzmann）又把熵和

訊息連繫起來，提出「熵是一個系統失去了的『訊息』的度量」，這個說法有道理，次序不就是某種訊息嗎，有序變無序，失去了次序，也就失去了一部分訊息。後來的夏農（Claude Shannon）採用並發展了波茲曼這個想法，把熵的概念以及物理學中的統計方法移植到通訊領域，建立了傳播學的理論基礎，他被譽為傳播學之父，此是後話。

　　總之，系統越混亂，熵就越大；系統越有序，熵就越小。熱力學第二定律，也被稱為熵增加原理，說的就是一個孤立封閉系統的熵總是增加（永不減少）的，即系統總是由有序過渡到無序，這種過程不可逆地進行著。我們觀察到的大量物理現象，都是混亂度增加的不可逆過程，比如：結晶的冰塊放到熱水中，逐漸融化，有序的結晶變成無序，使得熵增加；一滴紅墨水滴到一杯清水中，墨水顆粒自動擴散到水中，水變成更為無序的淡紅色溶液；熱量總是從溫度高的傳向溫度低的。自然界中也是這樣：火焰燃燒，留下灰燼；山石風化，變成泥土；江河直下，奔流入海；事物從有序過渡到無序，到低階，到混沌，相反的過程似乎不會自動發生……。

　　上面列舉的那些物理現象都是不可逆的，冰塊融化了，不可能自動地再從熱水中結晶出來，生米煮成了熟飯，無法再變成米，這就像已經死去了的生物體不可能突然再活過來

一樣。時間的確是有方向的，時光不會倒流，但是，事物並不總是從有序到無序、高級到低階！例如，從生物演化的過程來看，都是一步一步、一代一代，從簡單到複雜的。許多億年過去了，這個世界，從無序中產生有序，產生了生命，又從低階生命演化到高級生命，從微生物演化到高等動物，以致演化到人類啊！那麼，在這個漫長的低階向高級的演化過程中，物理學中定義的「熵」，是增加了還是減少了呢？

　　物理學中的熵增加原理是只能適應於封閉系統的；而整個宇宙，這個大千世界中的萬事萬物，並不總能簡單地看成封閉系統。

　　熱力學第二定律所表明的演化方向的確與達爾文生物演化論所言的演化方向相反，生物學與理論物理學之間存在著巨大的鴻溝。當然，熱力學第二定律只能被用於封閉系統，而不應該被無限擴展應用到諸如生物體這樣的開放系統。但是，從封閉系統的熵增加，如何變成了開放系統的熵減少？怎樣才能將這兩種理論所產生的演化悖論協調、統一起來呢？山石風化、墨水擴散的確是我們常見的現象；種子發芽、嬰兒誕生也是我們熟知的生活常識。如何建立一個紐帶，才能將物理學的演化理論與生物學的演化規律連線起來？這些問題，近百年來一直困惑著科學家們。

　　正是基於這個演化悖論的困難，比利時物理化學家伊利

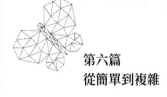

亞‧普利高津（Iliya Prigogine）（圖 6.2.1）登上了歷史舞臺。他研究非平衡態的熱力學，並建立耗散結構理論，研究自組織現象，企圖填補理論物理學與現代生物學之間的鴻溝。這些成就使他榮獲 1977 年的諾貝爾化學獎。

圖 6.2.1 普利高津在德克薩斯大學奧斯汀分校

什麼是自組織現象？它和我們所討論的系統從有序到混沌的過程不同，和熱力學第二定律描述的熵增加的演化方向相反。也就是說，在一定條件下，一個開放系統可以由無序變為有序，開放系統能夠從外界獲得負熵，而使得熵值減少。這時，系統中的大量分子、原子會自動地按一定的規律運動，有序地組織起來。我們將這種現象，叫做自組織現象。

普利高津認為，形成自組織現象的條件包括：

1. 系統必須開放，是耗散結構系統；
2. 遠離平衡態，才有可能進入非線性區；

3. 系統中各部分之間存在非線性相互作用；

4. 系統的某些參數量存在漲落，漲落變化到一定的閾值時，穩態成為不穩定，系統發生突變，便可能呈現出某種高度有序的狀態。

由於在自組織現象中，系統呈現高度的組織性，這就為從物理學理論的角度解釋生命的形成提供了可能。不僅如此，在物理學、化學的領域中，也經常觀察到自組織現象。

例如，貝納德對流（Benard convection）是一種流體自組織現象，由法國人貝納德（Henri Bénard）於 1900 年發現。說的是當由底部加熱流體薄層，溫度梯度超過某臨界值時，流體會突然出現宏觀可見的形狀為六角形格子的對流圖案結構，稱為貝納德花紋。這是非平衡系統自組織或耗散結構現象的早期例子。

雷射的形成也是一種時間有序的自組織現象。比如，如圖 6.2.2 所示的氦氖雷射產生機製圖中，雷射器是一個開放系統，外界透過泵浦向雷射器輸入能量，圖 6.2.2（a）是當輸入功率較低時的情況，這時候，各個氖原子所發出的光波的頻率、相位和振動方向都各不相同，因而發出的是無規則的微弱的自然光。當輸入功率增大到一定的值，如圖 6.2.2（b）所示，這時系統發生突變，大量原子出現自組織現象，以同樣的頻率、相位和方向發射出高度相干的光束，這就形成了雷射。

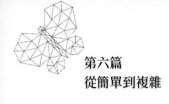

第六篇
從簡單到複雜

　　2020 年 4 月，發表在《自然 · 物理》（*Nature Physics*）雜誌上的一篇論文（https://doi.org/10.1038/s41567-020-0879-8），是由一個土耳其的研究團隊完成的一個有趣的實驗，揭示出自然規律中隱藏的這種自組織現象。

　　具體的實驗過程非常簡單。將均勻散布著細小顆粒的液體限制在兩層縫隙很小的玻璃之間（二維平面）。然後研究人員用雷射持續加熱這個準二維世界中的一點，見圖 6.2.3，使整個平面內的溫度分布不均衡，於是便以照射點為中心，產生了持續的液流。一段時間之後，原本均勻散布的顆粒就會有規則地緊密聚集到照射點附近。

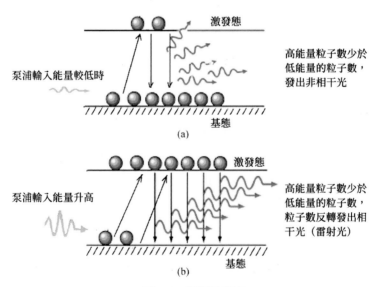

圖 6.2.2 雷射的形成

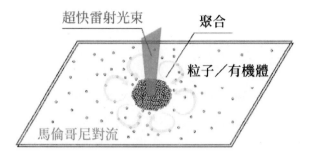

圖 6.2.3 平面液體顆粒趨向熱源的自組織現象

6.3 孤立子的故事

孤立子是非線性研究的另一個熱點。

第一次發現水波中產生的孤立子現象距今已經有 180 多年了。那是 1834 年 8 月的一天，在蘇格蘭愛丁堡市附近的尤寧運河岸邊，26 歲的造船工程師約翰·史考特·羅素（John Scott Russell）騎馬觀察船在河中的運動情形時發現的。

之後，羅素這樣描述他那天的驚人發現[44]：

「我正在觀察一條船的運動，這條船沿著狹窄的河道由兩匹馬快速地曳進。當船突然停下時，河道中被推動的水團並未停止，它聚積在船首周圍，劇烈翻騰。突然，水團中呈現出一個滾圓光滑、輪廓分明、巨大的、孤立聳起的水峰，以很快的速度離開船首，滾滾向前。這個水峰沿著河道繼續向前行進，形態不變，速度不減。我策馬追蹤，趕上了它。它仍以每小時八九英里的速度向前滾動，同時仍保持著長約 30 英尺[004]、高 1 ～ 1.5 英尺的原始形狀。後來，我追逐了一兩英里後，才發現它的高度漸漸下降。最後，在河道的拐彎處，我被它甩掉了。」

---

[004]　1 英尺＝ 0.3048 公尺。

這一奇特的、美麗的、孤立的水峰令年輕的羅素著迷，
而且，他敏銳地意識到，自己發現了一個新的物理現象。羅
素的直覺不無道理，他是一個經常在河邊進行觀察和研究的
造船專家，成天與水流和水波打交道，因此，他堅信這個現
象與一般常見的水波截然不同，一般水波是很快就要瀰散、
消失的，維持不了這麼久。此外，羅素也是一個訓練有素的
船舶設計師，有深厚的物理學、數學功底，他相信，那時現
有的波動理論，包括牛頓的理論和白努利（Daniel Bernoulli）
的流體力學方程式，都沒有描述過，也無法解釋他看見的這
種奇特現象。因此，羅素為自己的發現取了個新名字：平移
波。後來被學界命名為孤立子、孤子或孤波（圖 6.3.1）。

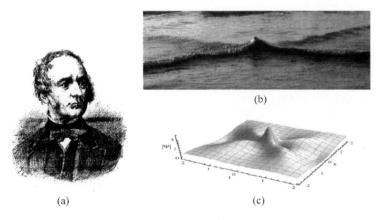

(a)　　　　　　　　　　(b)　　　　　　　　　　(c)

圖 6.3.1 孤立子

（a）羅素在 1834 年第一次觀察到孤立子（平移波）；（b）水波中的孤立
　　子現象；（c）電腦模擬所產生的 KdV 方程式孤立子解 [45]

225

第六篇
從簡單到複雜

　　偶然發現的平移波在羅素的腦海中久久揮之不去，為了深入研究這個現象，羅素在自家後院裡建造了一座宏大的實驗水槽，並且他很快就掌握了產生平移波的方法，重現了他在運河中看到的特殊景象。經過多次實驗、反覆研究，羅素注意到孤立子的許多特殊性質：一是孤立子的速度與波的高度有關，二是孤立子能夠保持其速度和形狀長時間地傳播。比如，羅素經常在他的實驗水槽裡產生兩個孤立子，一個瘦高的，一個矮胖的。有趣的是，瘦高的總是比矮胖的跑得更快，每次都能追上矮胖的。更神奇的是：兩波相遇後，並不會混合亂套而失去它們各自原來的形狀和速度，相遇再分開之後，高而瘦的波越過矮胖的，繼續快跑，將矮胖的波遠遠地甩在後面。

　　羅素認為，既然孤立子能夠保持其速度和形狀長時間地傳播，它們應該是流體力學的一種穩定解，羅素對此提出了很多大膽的猜想和預言，但他一人單槍匹馬，精力畢竟有限，便希望得到科學界的關注和共同研究。1844 年 9 月，也就是在第一次觀察到水波孤立子現象的 10 年之後，羅素在英國科學促進會第 14 次會議上以「論波動」為題，對他的發現和研究發表了一次精彩的報告。報告內容雖然令人們覺得神奇精彩，但卻未能得到羅素期盼的結果。因為正如大多數革命新思想出現時遭遇的命運一樣，羅素的想法未得到當時科學界權威的認可，反被某些評論者說成是因走火入魔而產

生的「反常和漫無邊際的猜測」。

在羅素去世 10 年後，1892 年，兩位荷蘭數學家從淺水波運動的 KdV 方程式，果然得到了與羅素所描述現象類似的孤立子解 [圖 6.3.1（c）]。KdV 方程式證實了羅素觀察到的兩個孤立波碰撞時發生的情況。兩個孤立波相交後，並不互相混合和瀰散，而是各自保持它們原來的速度、方向和形狀，完整復現出來。這種行為類似於微觀粒子發生碰撞時的情形，這也是將此現象稱為孤立子的原因。

從物理學的觀點來看，孤立子是物質色散效應和非線性畸變合成的一種特殊產物。

水波和光波等波動現象形成的波峰都可以描述為由許多不同頻率的正弦波組成。這些不同頻率的波以不同的速度傳播，這就是色散現象。在波動的線性理論裡，各正弦波彼此無關，沒有什麼東西把這些不同頻率的波捏合在一起，所以它們各自為政，即使一開始時形成了一個巨大的波峰，這個波峰中的各個頻率波也會因色散現象導致速度不同而使波峰很快地改變形狀，破碎成許多小小的漣漪，形成混沌而瀰散開來。這是只有色散的情況，如圖 6.3.2（a）所示。

另一方面，流體分子間存在的非線性效應使得波峰的形狀發生另一種類型的畸變，這種非線性畸變作用如圖 6.3.2（b）所示。

第六篇
從簡單到複雜

在 KdV 方程式中，因為既考慮了色散現象，又包括了非線性效應的影響，因此，在一定的條件下，這兩種作用互相抵消。色散效應要使得不同頻率的子波互相分離，而非線性效應又將這些子波拉回來緊緊地拴在一起。這樣一來，最後結果就使得原始的波峰既不瀰散，也不畸變，從而能夠長時間地保持原狀滾滾向前，這就形成了羅素看到的孤立波，也就是圖 6.3.2（c）所示的情形。

儘管數學家已經證明了 KdV 方程式的確存在類似孤立子的解，人們對羅素發現的孤立子的重要性仍然認識不足。孤立子的命運一直到 1960 年代才有了轉機。50 年代，美國的三位物理學家費米（Enrico Fermi）、帕斯塔（John Pasta）和烏拉姆（Stanisław Ulam），利用當時美國用來設計氫彈的大型電腦，對由 64 個諧偶極組成的非線性系統進行數值模擬，企圖證實統計物理學中的「能量均分定理」。但他們的模擬結果卻事與願違，違背了能量均分定理。初始時刻這些諧偶極的所有能量都集中在某一偶極上，其他 63 個偶極的初始能量為零。按照能量均分定理，系統最後應該過渡到能量均分於所有振動模式上的平衡態。但實驗結果卻發現，經過長時間的計算模擬演化後，能量出現了復歸現象，大部分能量重新集中到初始具有能量的那個偶極上。

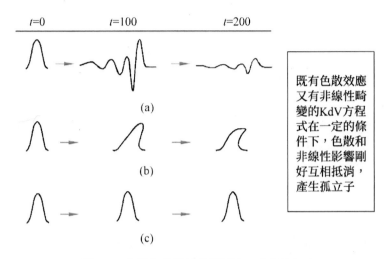

既有色散效應
又有非線性畸
變的KdV方程
式在一定的條
件下，色散和
非線性影響剛
好互相抵消，
產生孤立子

圖 6.3.2 色散和非線性畸變抵消，形成孤立子
（a）只有色散效應；（b）只有非線性畸變；（c）色散和非線性抵消形成
孤立子

費米等人當時只是考慮實驗偶極在頻域的情況，並且因為結果出乎意料地違背了物理界原來公認的「能量均分定理」，所以，他們並未將此現象與羅素發現的平移波連繫起來，因而也與孤立子的發現失之交臂。但後來有人繼續費米等人這項研究時，得到了孤立波解，從而進一步激起了人們對孤立波研究的興趣。其後，物理界對孤立子現象的本質有了更清楚的認識，除了水波中的孤立子之外，又先後發現了聲孤立子、電孤立子和光孤立子等現象。小小的孤立子不再孤獨，被人們譽為「數學物理之花」。

由於孤立子具有的特殊性質，使它在物理學的許多領域，如電漿物理學、高頻電磁學、流體力學和非線性光學等領域中得到廣泛的應用。此外，孤立子在光纖通訊、蛋白質和 DNA 作用機制，以及弦論中也有重要應用。

尤其是在由光纖傳輸的通訊技術中，光孤立子理論大展宏圖，因為光孤立子在光纖中傳播時，能夠長時間地保持形態、幅度和速度不變，這個特性便於實現超長距離、超大容量的、穩定可靠的光通訊。

1982 年，在羅素逝世 100 週年之際，人們在他策馬追孤立波的運河邊樹起了一座紀念碑，以紀念這位孤軍奮戰卻在有生之年未能成功的科學先驅。

▎**6.4 生命遊戲**

前面我們介紹了自組織現象和孤立子現象。此類現象出現的原因，都與外力無關，而只與系統自身內部各單元之間的相互作用，尤其是與非線性作用有關。由於這種內部作用，透過自身演化，使得系統群體表現出某種自動結合在一起、形成有序結構的集體行為。

除了物理學之外，科學界的各個領域，以及社會、人文、經濟、網路、市場等各方面，都能觀察到無序到有序的轉化過程。其中，生命演化是大家熟知的例子。生命起源一直是個重大的不解之謎，至今仍然眾說紛紜。生命之謎藏身於 DNA 分子的自我複製現象中，DNA 的自我複製需要蛋白質的參與，而蛋白質產生又依賴於 DNA 攜帶的訊息，這話聽起來有點像通常人們開玩笑時所調侃的「先有蛋還是先有雞」的悖論。事實上也是如此，這個雞與蛋的基本問題可以說至今未解，因為它在本質上問的就是生命如何起源。

無論如何，生命起源與自我複製的機制有關，科學家們很早就認識到這一點。生物學家們在實驗室裡研究分子如何自我複製的問題，而數學家及理論物理學家們則希望用某種

數學模型，在電腦上模擬產生自我複製的現象。早在 1950 年代，大數學家馮紐曼為模擬生物細胞的自我複製而提出了細胞自動機的概念。但當時並未受到學術界重視，直到 1970 年，隨著電腦技術的普及，劍橋大學的約翰·何頓·康維（John Horton Conway）設計了一個叫做《生命遊戲》的電腦遊戲之後，細胞自動機這個課題才吸引了科學家們的注意。

1970 年 10 月，美國趣味數學大師馬丁·葛登能（Martin Gardner）透過《科學人》（*Scientific American*）雜誌的「數學遊戲」專欄，將康維的「生命遊戲」介紹給學術界之外的廣大讀者，一時吸引了各行業一大批人的興趣。

所謂生命遊戲，事實上並不是通常意義上的遊戲，它沒有遊戲玩家各方之間的競爭，也談不上輸贏，可以把它歸類為模擬遊戲。事實上，也是因為它模擬和顯示的影像，看起來頗似生命的出生和繁衍過程而得名為生命（圖 6.4.1）。

遊戲在一個類似於圍棋棋盤但格子更為密集、數目更多、可以無限延伸的二維網格中進行。例如，設想如圖 6.4.1（a）所示的方格網。每個方格中都可放置一個生命細胞，每個生命細胞只有兩種狀態：生或死。在圖 6.4.1（a）所示的方格網中，我們用黑色的方格表示該細胞為生，空格（白色）表示該細胞為死。或者換句話說，方格網中的黑色部分表示的是某個時期某種生命的分布圖。生命遊戲想要模擬

的就是：隨著時間的流逝，這個分布圖將如何一代一代地
變化？

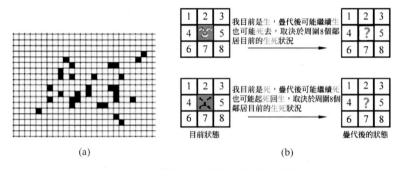

圖 6.4.1 生命遊戲是二維的「細胞自動機」
（a）黑色格子細胞為生，白色為死；（b）生和死的疊代演化，不但取決
於自己目前的狀態，還取決於 8 個鄰居目前的狀態

　　這裡又要用上我們之前已經打過多次交道的疊代法。在此
我們不妨回憶一下曾經用過的疊代法：我們用疊代法畫出了曼
德博集、朱利亞集等各種碎形；用疊代法研究過邏輯斯諦系統
中的倍週期分岔現象、系統的穩定性、從有序到無序的過渡；
還用疊代法求解羅倫茲方程式及限制性三體問題的數值解。那
麼，這生命遊戲用的疊代法有點什麼不同呢？在畫碎形圖和倍
週期分岔圖時，我們考慮的是系統的長期行為，畫出的是固定
的、不隨時間而變化的圖形；畫微分方程式的數值解時，曲線
是隨時間而變化的函數，但那只是空間中的一個點的軌跡。
而在生命遊戲中，考慮的是整個平面上的「生命細胞」分布

233

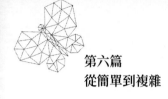

情況的演化過程。也就是說，平面上每個點的生死狀態都在不停地變化著。可想而知，這種疊代過程看起來將會生動有趣多了，否則，怎麼會把它稱之為遊戲呢。

遊戲開始時，每個細胞可以隨機地（或給定地）被設定為生或死之一的某個狀態，然後，根據某種規則，計算出下一代每個細胞的狀態，畫出下一代的生死分布圖。

應該規定什麼樣的疊代規則呢？我們需要一個簡單但又反映生命之間（格子和格子之間）既合作又競爭的生存定律。為簡單起見，最基本的考慮是假設每一個細胞都遵循完全一樣的生存定律；再進一步，我們把細胞之間的相互影響只限制在最靠近該細胞的 8 個鄰居中，參考圖 6.4.1（b）。也就是說，每個細胞疊代後的狀態由該細胞及周圍 8 個細胞目前的狀態所決定。做了這些限制後，仍然還有很多方法來規定生存定律的具體細節。

例如，在康維的生命遊戲中，規定了如下 3 條生存定律（被稱為規則 B3/S23）：

1. 如果 8 個鄰居細胞中，有 3 個細胞為生，則疊代後該細胞狀態為生；

2. 如果 8 個鄰居細胞中，有 2 個細胞為生，則疊代後該細胞的生死狀態保持不變；

3. 在其他情況下，疊代後該細胞狀態為死。

　　上面的 3 條生存定律，你當然可以任意改動，發明出不同的生命遊戲。但那幾條規則並不是遊戲的發明者康維隨便想當然定出來的，其中暗藏著周圍環境對生存的影響。比如第一條，8 個鄰居中有 3 個是活的，不多不少，這種情況也許對中間的小生命是最理想的，因此，疊代後結果總是為生。第二條，8 個鄰居中有 2 個是活的，活力不太旺盛哦，不過也還算馬馬虎虎吧，對中間的小生命影響不大，所以康維認為，生死可以維持原狀。第三條就包括了好幾種情況啦，比如 8 個鄰居中活的數目多於 4 個，太擠啦，將造成物質缺乏，只有死路一條；或者是，8 個鄰居幾乎全死光了，頂多只有一個奄奄一息的，那樣的話，中間的小生命也難以生存，死定了。

　　如此定下了生存定律之後，對格子網的某種初始分布圖，就可以決定每個格子下一代的狀態，然後，同時更新所有的狀態，得到第二代的分布圖。這樣一代一代地做下去，以至無窮。比如說，在圖 6.4.2 中，從第一代開始，畫出了四代細胞分布的變化情況。第一代時，圖中有 4 個活細胞（黑色格子），然後，讀者可以根據以上所述的 4 條生存定律，得到第二、三、四代的情況，觀察並驗證圖 6.4.2 的結論。

第六篇
從簡單到複雜

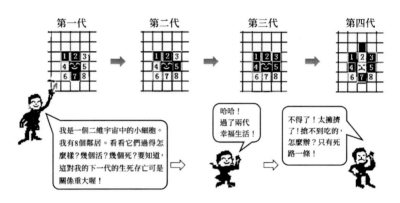

圖 6.4.2 二維生命細胞的四代演化過程

　　你可能會說，這樣的遊戲玩起來真是太不方便了！一格一格地算半天才走一步，也看不出有趣在何處。不過，有了電腦的幫助，就不難發現生命遊戲的趣味所在了。我們可以根據 4 條生存定律編好程式，輸入初始狀態圖，用電腦很快地來進行一代一代的運算和顯示。圖 6.4.3 所演示的便是電腦的模擬結果，初始分布如圖中 $n = 0$ 的小圖所示，接下來，便是第 1、5、7、30、50、100、150 代之後的分布圖。需要注意，圖中電腦畫出的圖形顏色正好與我們剛才的規定相反：黑色背景部分表示沒有生命，其餘的彩色部分（除黑色之外的任何顏色）則表示生命的分布情形。

236

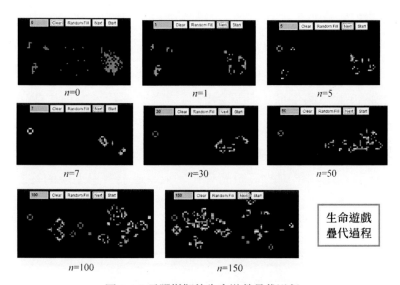

圖 6.4.3 電腦模擬的生命遊戲疊代過程

注：這個電腦生成的圖中，黑色部分表示死，其他彩色表示生。（生命遊
戲程式引自：http://www.tianfangyetan.net/cd/java/Life.html）

　　如果仔細觀察圖 6.4.3 所示生命遊戲圖形的演化過程，
能發現幾個有趣現象。看看最初始的分布圖 $n = 0$ 中，可將
活的細胞分為左中右 3 群：左邊一群不密不疏，最後的演化
結果只剩下了一個固定的四邊圖形；中間的那一群非常分
散，人煙過分稀少，第二代就全部死光了；最為有趣的是右
邊那一群，開始時人口密集，擠得要命！因此第二代也死掉
不少。但是後來，人口逐漸遷移分散，群體得到了更大的空
間，從 $n = 50$ 之後，這群人口大幅度成長，子孫繁衍到各處。

　　生命遊戲變化無窮。例如，如果你選擇隨機設定作為遊

第六篇
從簡單到複雜

戲的初始分布，你會看到，遊戲開始執行後的疊代過程中，細胞生生死死、增增減減。螢幕上生命細胞的圖案運動變化的情況，的確使人聯想到自然界中某種生態系統的變化規律：如果一個生命，其周圍的同類過於稀疏，生命太少的話，會由於相互隔絕失去支持，自身得不到幫助而死亡；如果其周圍的同類太多而過於擁擠時，則也會因為缺少生存空間，且得不到足夠的資源而死亡。只有處於合適環境的細胞才會非常活躍，能夠延續後代並傳播。遊戲開始時的混亂無序的生命隨機分布，在按照康維的生存規律，疊代了幾百次之後，總是形成一些比較規則的圖案，像圖 6.4.4 所示的那樣。這看起來確實有點類似無序到有序的轉化，或者叫做自組織現象。遊戲的演化方向和熱力學第二定律描述的那種趨於平衡的演化方向大相逕庭，這個遊戲真能和生命起源或生命進化沾上邊嗎？

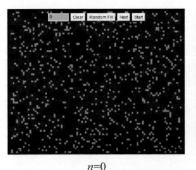 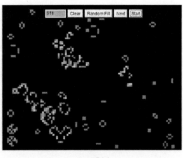

n=0   *n*=511

圖 6.4.4 生命遊戲模擬「無序到有序」

　　生命遊戲激起了人們對生命科學的興趣，也開啟了一扇用電腦技術來研究生命科學的大門，例如，圖 6.4.4 中 $n =$ 511 的那張圖，其中的圖案使人浮想聯翩。電腦螢幕上，隨著 n 的增大，圖案不斷變化：有的圖案最後定居在某個位置，似乎永遠不變了，除非遠方來的侵略者突然出現在旁邊，這種固定類型圖案使人想起收斂於一點的經典吸子；有的群體，則規律地振動，在幾個圖案之間不停地循環跳躍，就像邏輯斯諦系統分岔成雙態平衡和多型平衡時的情形那樣；還有幾種圖案，頗似太空船、遊艇或汽車，逍遙自在地周遊四方；有的群體，在不斷游走的同時，自身圖案的形狀也變換無窮，這種情形看起來和邏輯斯諦系統中出現混沌有點類似。

　　圖 6.4.4 中 $n =$ 511 的圖，的確比 $n = 0$ 的初始圖，更有次序多了。其中看上去有序的每種圖案又互不相同、各有特色。在圖 6.4.5 中，我們畫出了幾種典型的分布情形，大概可以把這些圖案的演化方式分成下列幾種類型：靜止型、振動型、運動型、死亡型、不定型。

　　例如，圖 6.4.5 中的蜂窩、社區和小船都屬於靜止型的圖案，如果沒有外界的干擾的話，此類圖案一旦出現後，便固定不再變化；而閃光燈、癩蛤蟆等，是由幾種圖形在原地反覆循環地出現而形成的振動型；圖中右上角的滑翔機和太

第六篇
從簡單到複雜

空船，則可歸於運動型，它們會一邊變換圖形，一邊又移動
向前。如果你自己用生命遊戲的程式隨意地實驗其他一些簡
單圖案的話，你就會發現：某些圖案經過若干代的演化之後
會成為靜止、振動、運動中的一種，或者是它們的混合物。

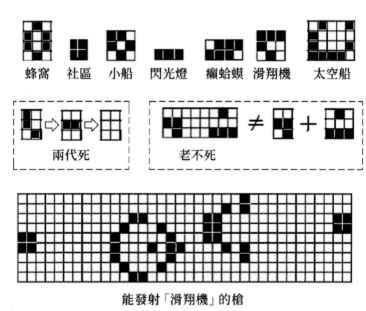

能發射「滑翔機」的槍

圖 6.4.5 生命遊戲中幾種特別的類型分布圖案

此外，也還有可能得到我們尚未提及的另外兩種結果：
一類是最終會走向死亡，完全消失的圖案；另一類是永遠不
定變化的情形。就拿最終死亡的情況來說吧，死的速度有快
有慢，有的曇花一現，不過幾代就斷子絕孫了（圖中的兩代

死）；有的倒能繁榮昌盛幾百上千代：如上圖中間的第二個
例子就能堅持 130 代。有趣的是，圖中的老不死是由兩個分
圖案構成的，這兩個分圖案如果單獨存在，都會長生不死，
糾纏在一起後，儘管也延續了 130 代，結果卻不一樣，最後
以死而告終。這可看作是一個整體不等於部分之和的例項。
在變幻莫測的生命遊戲中，還有許多諸如此類的趣事，就不
一一列舉了。

　　儘管生命遊戲中每一個小細胞所遵循的生存規律都是一
樣的，但由它們所構成的不同形狀的圖案的演化行為卻各不
相同。我們又一次地悟出這個道理：複雜的事物（即使是
生命！）原來也可以來自於幾條簡單的規律！生命遊戲繼碎
形和混沌之後，又為我們提供了一個觀察從簡單到複雜的好
方式。

　　生命遊戲的發明人康維後來成為美國普林斯頓大學數學
教授。康維除了致力於群論、數論、紐結理論及編碼理論這
些多方純數學領域之外，也是遊戲的熱心研究者和發明者。
在眾多貢獻之中，他的兩個最重要的成果都與遊戲有關：其
一是他在分析研究圍棋棋譜時發現了超現實數（surreal number）；其二便是他在英國劍橋大學時發明的生命遊戲使他名
聲大振，特別是經由《科學人》連續兩期的介紹推廣後，康
維的名字在 1970 年代的大學及知識界幾乎人人皆知。70 年

代初，使用電腦還只是少數科學研究人員的專利，對生命遊戲中圖案演化行為的研究，有些熱心者甚至利用業餘時間在紙上進行！據馬丁‧葛登能後來回憶所述，當時整個國家科學研究基金的用途中，可能有價值上百萬美元的電腦時間花費於不太合法的對「生命」遊戲的探索。業餘愛好者狂熱於此遊戲的規則簡單卻變化無窮；生物學家從中看到了「生態平衡」的模擬過程；物理學家聯想到某種似曾相識的統計模型；而電腦科學家們則競相研究「生命遊戲」程式的特點，最後，終於證明了此遊戲與圖靈機等價的結論。對生命遊戲過分的熱心和瘋狂，大大超出了《科學人》的「數學遊戲」專欄的負荷能力，以至於當時還專門為此推出了一個名為《生命線》的通訊刊物。

另一件值得一提的趣事是：康維當時設定了一個 50 美元的小獎金，頒給第一個能證明生命遊戲中某種圖形能無限制成長的人。這個問題很快就被麻省理工學院的電腦迷比爾‧高斯珀（Bill Gosper）解決了，這就是圖 6.4.5 中最下面一個圖案「滑翔機槍」的來源。圖 6.4.6 所示的是「滑翔機槍」在電腦上執行的情形：一個一個的「滑翔機」永不停止地、綿綿不斷地被「槍」發射出來。

這個例子證明了生命遊戲中存在無限成長的情形，看起來的確令人鼓舞：由幾條簡單的生存定律構成的宇宙中的

「槍」，能不斷地產生出某種東西，就像機器製造出產品一樣。那麼，是否可能再進一步，找到某種圖案在演化過程中能自我複製，像生命形成的過程一樣呢？這不也正是馮紐曼當時提出「細胞自動機」的原始想法嗎？

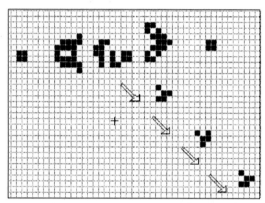

不斷發射出「滑翔機」的滑翔機槍

圖 6.4.6 生命遊戲中的滑翔機槍

　　康維的生命遊戲的規則是可以改動的。於是，便產生了將生存定律稍加改動的生命遊戲系列，1994 年，一個叫內森・湯普森（Nathan Thompson）的人發明了 Highlife 遊戲，將生存定律從康維的 B3/S23 改為 B36/S23，並且從這個遊戲得到自我複製的圖案 [46]。再後來，也有人從原版的康維生命遊戲得到自我複製現象。

　　遺憾的是，康維於 2020 年不幸感染新型冠狀病毒，最後留給世人他發明的生命遊戲等數學成果而駕鶴西去。

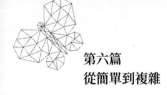

　　生命遊戲畢竟只是個遊戲，離真正的、生物學意義上的生命還相距十萬八千里！電腦當然是個模擬大自然的好工具，但畢竟只是模擬，不是真的。說到用電腦模擬，我們介紹一位美國科學家史蒂芬・沃爾夫勒姆（Stephen Wolfram）。沃爾夫勒姆是何方神聖？且讀下文，方知分曉。

6.5 木匠眼中的月亮

西方有句諺語:「在木匠眼裡,月亮也是木頭做的。」

古希臘哲學家泰利斯說:萬物之本是水。他的學生畢達哥拉斯(Pythagoras)說:萬物之本是數。再後來又有赫拉克利特(Heraclitus)說:萬物之本是火。古代哲學家孟子以心為萬物之本。近代的哲學家有了物理知識,則說:萬物之本是原子、電子等基本粒子。看來,哲學家們和木匠異曲同工,都希望把複雜的世界追根溯源到某一種簡單的、自己理解了的東西。

如今的電腦時代,有人宣稱說:萬物之本是計算。

這個人就是 1980 年代後期開發著名的 Mathematica 數學符號運算軟體的美國電腦科學家,史蒂芬·沃爾夫勒姆。

實際上,沃爾夫勒姆並不是提出「萬物之本是計算」的第一人。MIT 電腦實驗室前主任弗雷德金(Edward Fredkin)早在 1980 年代初就提出:「終極的實在不是粒子或力,而是根據計算規則變化的數據位元。」著名物理學家費曼在 1981 年的一篇論文裡也表達過類似的觀點。

不過,沃爾夫勒姆沿著這條路走得更遠。從古至今困擾人們的 3 個基本哲學問題:生命是什麼?意識是什麼?宇宙

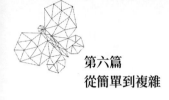
如何運轉？按照沃爾夫勒姆在他的磚頭級鉅著《一種新科學》（*A New Kind of Science*）裡的計算等價原理，生命、意識都從計算產生，宇宙就是一臺細胞自動機。

被人們稱為天才的沃爾夫勒姆 1959 年生於倫敦，15 歲發表他的第一篇科學論文，20 歲獲得美國加州理工學院的物理學博士學位。之後，又榮獲麥克阿瑟基金會的「天才」獎。當時，他將此獎項所獲得的 125,000 美元的獎金全部用於了他感興趣的基本粒子物理及宇宙學等方面的研究。

1980 年代初期，即將離開加州理工學院，前往普林斯頓高等研究院進行研究的沃爾夫勒姆在一次研討會上，初識了細胞自動機的理論，頗有一見鍾情、相見恨晚的樣子，一頭栽進細胞自動機的研究之中。

沃爾夫勒姆在 1980 年代後期，因為開發了著名的數學符號運算軟體而名聲大振，且獲得了商業上的成功。進入 90 年代後，他便繼續他所痴迷的細胞自動機工作，潛心寫作一部「曠世之作」。直到 2002 年，沃爾夫勒姆奮戰了 10 年，經過無數次的敲鍵盤、移滑鼠，終於寫出了被其狂妄地自我宣稱是「與牛頓發現的萬有引力相媲美的科學金字塔」的鉅著，名為《一種新科學》[47]。

在這部 1,200 頁的重量級著作中，沃爾夫勒姆將他所偏愛的一維細胞自動機中的「規則 110」的精神發揚光大，貫穿始終。根據書中的觀點，各式各樣的複雜自然現象，從柏

青哥、紙牌遊戲到湍流現象；從樹葉、貝殼等生物圖案的形成，到股票的漲跌，實際上都受某種運演算法則的支配，都可等價於「規則110」的細胞自動機。沃爾夫勒姆認為「如果讓電腦反覆地計算極其簡單的運演算法則，那麼就可以使之發展成為異常複雜的模型，並可以解釋自然界中的所有現象」，沃爾夫勒姆甚至更進一步地認為宇宙就是一個龐大的細胞自動機，而「支配宇宙的原理無非就是區區幾行程式碼」。

《一種新科學》的出版在當時引起轟動，初版5萬冊在一星期之內銷售一空，但是，學術界大多數專家們對此書的評價卻不高。對沃爾夫勒姆傲慢自大、忽視前人的成果、自比牛頓的做法，更是嗤之以鼻，認為這是使用商業手段，對不熟悉細胞自動機的廣大讀者的一種誤導。事實上，沃爾夫勒姆並未創立什麼新科學，由馮紐曼提出的細胞自動機的理論已有50多年的歷史，這個理論以及基於複雜源於簡單的道理的複雜性科學，一直都是科學界的研究主題。

沃爾夫勒姆雖然言過其實，但他對細胞自動機的鍾愛，對科學的執著，仍然令人佩服。況且，沃爾夫勒姆也不僅僅是空口說白話，而是用電腦進行了大量的論證和研究。比如，他認定了宇宙是個龐大的細胞自動機，但是有很多種不同的細胞自動機啊，宇宙到底是根據哪種細胞自動機運轉的呢？我們在上一章中介紹過的康維的生命遊戲，只是眾多二維細胞自動機中的一種，如果變換生存定律，可以創造出一

大堆不同的生命遊戲來。此外，除了二維的細胞自動機，還可以有一維、三維，甚至更多維的細胞自動機。那麼，宇宙遵循的是哪一種呢？

沃爾夫勒姆想，首先應該從最簡單的一維細胞自動機開始研究。

像生命遊戲那種二維細胞自動機，是將平面分成一個個的格子。因此，一維細胞自動機就應該是將一維直線分成一截一截的線段。不過，為了表示得更為直觀一些，我們用一條無限長的格點帶來表示某個時刻的一維細胞空間，如圖 6.5.1（a）所示。用格子的白色或黑色來表示每個細胞的生死兩種狀態。並且，只考慮最相鄰的兩個細胞，也就是與其相接的「左」「右」兩個鄰居的影響。如此所構成的最簡單的細胞自動機被稱為初級細胞自動機。

到底有多少種初級細胞自動機呢？一個細胞加上它的左右兩個鄰居，這 3 個細胞的生死狀態（輸入），決定了該細胞下一代（輸出）的狀態。因為 3 個細胞的狀態共有 8 種不同的組合，因此，如圖 6.5.1（b）所描述的，初級細胞自動機的輸入有 8 種可能性。對每一種可能的輸入，下一代的中間那個細胞都有生或死兩種狀態可選擇。所以，總共可以組合成 $2^8 = 256$ 種不同的生存定律。也就是說，有 256 種不同的初級細胞自動機。

和我們介紹生命遊戲一樣，圖 6.5.1（b）中用二進位制的 0（空格）代表「死」，1（黑色格子）代表「生」。首

先，將輸入可能的 8 種情況按照 111、110、101、100、011、010、001、000 的順序從左至右排列起來，然後，8 種輸入所規定的輸出狀態形成一個 8 位的二進位制數。將此二進位制數轉換成十進位制數，這個小於 256 的正整數便可用作初級細胞自動機的編碼。例如，圖 6.5.1（c）所示的輸出狀態可以用二進位制數 00011110 表示，將其轉換成十進位制數之後，得到 $2^4 + 2^3 + 2^2 + 2^1 = 30$。我們便把這個生存定律代表的初級細胞自動機，稱為「規則 30」。

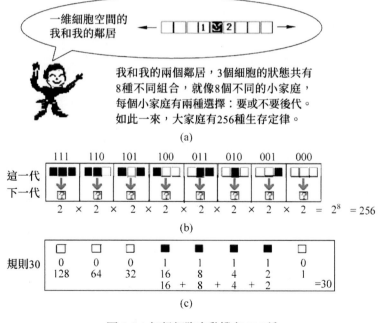

圖 6.5.1 初級細胞自動機有 256 種

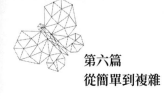

為了顯示一維細胞自動機中，細胞狀態不同瞬時的演化情況，我們將每一個相繼時刻對應的格點帶附在上一時刻對應的格點帶下面。如圖 6.5.2 所示，在 t_0 時刻的格點帶是一條只有中間一個格點為黑，其餘格點均為白的左右延伸的長帶子。圖中，垂直向下的方向表示時間的流逝。因為加了一個時間軸，所以，雖然是一維細胞自動機，而電腦螢幕顯示出來的卻是一個二維格點圖。圖 6.5.2 顯示了「規則 30」的演化，圖 6.5.3 給出了更多其他規則的初級細胞自動機的演化圖形。

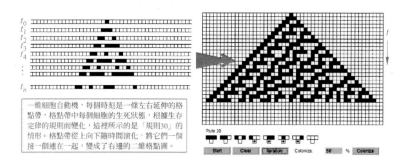

一維細胞自動機，每個時刻是一條左右延伸的格點帶，格點帶中每個細胞的生死狀態，根據生存定律的規則而變化，這裡所示的是「規則30」的情形。格點帶從上向下隨時間演化，將它們一個接一個連在一起，變成了右邊的二維格點圖。

圖 6.5.2 初級細胞自動機「規則 30」的時間演化圖初始時刻只有中間一個細胞為「生」

（Java 程式引自：http://mokslasplius.lt/rizikos-fizika/en/wolframs-elementary-automatons）

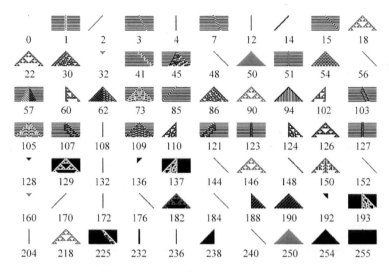

圖 6.5.3 初級細胞自動機的時間演化圖

（引自：http://mathworld.wolfram.com/ElementaryCellularAutomaton.html）

　　在沃爾夫勒姆發表的一系列論文中，對一維細胞自動機的代數、幾何、統計性質作了系統深入的研究和分類。他還特別對其中初級細胞自動機的「規則30」和「規則110」的有趣性質情有獨鍾。圖 6.5.4 給出這兩種規則對於隨機初始值的時間演化圖。「規則30」之所以特別是因為它的「混沌」行為，例如我們可以考察中心細胞的狀態隨時間演化所得到的二進位制序列：1，1，0，1，1，1，0，0，1，1，0，0，0，1，⋯⋯可以證明，這是一個無窮不循環的偽隨機序列。「規則110」則更為有趣：在隨機的初始條件下，卻產生出好些看起來在一定程度上有序，但是又永不重複的圖案。

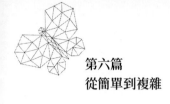
「規則 110」似乎揭示了無序中的有序,混沌之中包含著豐富的內部結構,隱藏著更深層次的規律。沃爾夫勒姆的一個年輕助手庫克(Matthew Cook)後來(1994 年)證明,「規則110」是等效於通用圖靈機的。

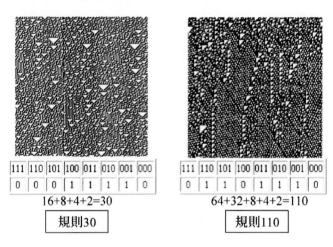

圖 6.5.4 「規則 30」和「規則 110」

如何理解一個初級細胞自動機「等效於通用圖靈機」呢?從生物學的角度看,細胞自動機的每一次疊代變化表現為細胞的生生死死,而從電腦科學的角度,每次演化卻可看作完成了一次計算。

在電腦的歷史上,人們曾經使用過一條長長的穿孔紙帶作為輸入輸出,這聽起來和我們這裡每個離散時刻的格點帶有些類似。格點帶上細胞的黑白生死分布,就對應於電腦紙

帶上的（0/1）「符號串」。可以想像，如果我們有適當的編碼方法，就能將任何數學問題，包括它的初值和演算法，變成一列符號串，寫到初始的第一條格點帶上。然後，根據細胞自動機內定的變換規則，可以得到下一時刻的符號串，也就是說，完成了一次「計算」。以此類推，時間不斷地前進，計算便一步一步地進行，直到所需要的結果。這個過程，的確與電腦的計算過程類似。

但是，並非所有規則的細胞自動機都能等同於真正的電腦，還得看看它的智商如何。上面說過，我們有 256 種不同規則的細胞自動機，它們的智商高低不同，各具有不同的計算能力。

例如，讓我們考查一下圖 6.5.3 所顯示的 256 個初級細胞自動機中的幾個特例。

首先，像「規則 255」這樣的，完全談不上什麼計算能力，連辨別能力都沒有，因為無論對什麼數，經它計算一次之後，全部一抹「黑」，這點從它的規則定義也可看出來；「規則 0」也一樣，全部一抹「白」。

接著，我們再來看像「規則 90」那一類的，時間演化圖有點像帕斯卡三角形的那種。這種情況的結果太規矩了，呆頭呆腦的，肯定計算能力有限，第一條的數據再複雜，猶如對牛彈琴一樣。

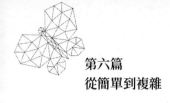

　　另外,像「規則 30」那類似乎較好一些,但邏輯雜亂無章,是個胡作非為、不聽指揮的傢伙。

　　最後,唯有像「規則 110」這類的,計算能力才達到標準,被證明與通用圖靈機是計算等效的。

　　沒錯!月亮的確不是木頭做的,我們的世界也不能單靠計算而算出來。但是,碎形、混沌以及非線性科學中的這些數學模型,以及電腦疊代的方法,對理解大自然還是很有用處的。科學真是太有趣、迷人了!科學就像一座美麗宏大的花園,從碎形和混沌這幾株「奇花異草」,人們似乎看到了科學園中滿園的綠草如茵、花果飄香。

　　以上介紹的沃爾夫勒姆的工作,都被收集在他的磚頭鉅著《一種新科學》中。該書出版了 18 年之後,2020 年 4 月,這位傳奇學者又發出驚人之語。宣稱他嘔心瀝血 50 年,終於找到了通往物理學終極基礎理論的途徑。沃爾夫勒姆再次發表了幾百頁的技術論文,描述了我們宇宙的物理屬性可以從幾個簡單規則出發,然後從通用計算的規則中產生出來。他同時還啟動了一個「沃爾夫勒姆物理學計劃」的新專案。這項計劃是一次雄心勃勃的嘗試,鼓勵年輕人參與,旨在建立關於宇宙的全新物理學。他認為,一切事物都可以歸結為對基本組成部分的簡單規則的應用,新物理學,乃至於整個世界都能從計算中產生。

　　宇宙及其規律真的可以從計算中算出來嗎？「神文」一出，褒貶不一。沃爾夫拉姆在他的文章中，簡單陳述了他用他的「超圖」和規則（圖6.5.5），為宇宙建模的部分有趣結果。例如，構成了時間、空間、因果律、相對論、愛因斯坦方程式等。他啟動的宏偉計畫將如何發展，我們拭目以待。

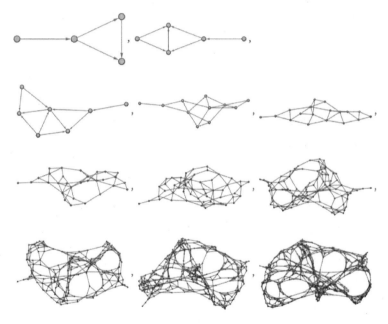

圖6.5.5 沃爾夫拉姆從簡單到複雜的圖網路

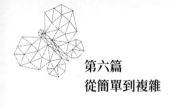

▋6.6 凝聚態物理和湧現論

　　簡單的影像應用簡單的規則，層層疊代後，產生出與原來簡單圖形性質和特點完全不一樣的事物。這個過程從哲學概念來說，對應於數量影響本質的轉化。也就是說，數量累積到一定的程度，必然會引起事物本質上的變化。例如，水的溫度不斷降低，開始是溫度這一分量的改變，但當達到冰點的時候，便會凝結成固體形態的冰，即性質發生變化。

　　原子組成了分子，分子結合起來構成了各種化學物質，也是數量影響本質的例子。化學物質有其全新的性質，無法完全從原子結構的層面予以解釋，這是很容易理解的。然而，人們在科學研究中，往往會自覺或不自覺地接受另一種想法，即還原論的哲學思想，認為複雜的系統和現象，可以透過將其各部分組合的方法來理解和描述。例如，還原論者認為，化學是以物理學為基礎，生物學是以化學為基礎等等。在原則上，基礎科學似乎具有解釋一切的能力。但這是一種不正確，至少是不完全的觀念，其來源是因為還原論的思想在早期自然科學的研究中有很大的影響。

　　近年來，另一種「湧現論」的科學思想，逐漸發展成

熟,與還原論並列存在,相得益彰。

2020 年,著名凝聚態物理學家菲利普‧安德森(Philip W. Anderson)於美國時間 3 月 29 日逝世,享年 96 歲。安德森對物理學和科學有很多卓越的貢獻。其中一項,他於 1972 年發表的〈多則異〉(*More is Different*)的著名文章,堪稱凝聚態物理的「獨立宣言」。實際上,這豈止是物理學意義上的獨立宣言,更表明了他的湧現論想法,表達了他對人類原來占主導地位的還原論科學方法的挑戰和超越。

安德森是凝聚態物理學的主要奠基人,在對稱性破缺、高溫超導等諸多領域做出了重大貢獻。他首先提出凝聚態中的局部態、擴展態的概念和理論,為此他和另一位美國物理學家約翰‧范弗雷克(John van Vleck)及英國物理學家內維爾‧莫特(Nevill Mott),分享了 1977 年的諾貝爾物理學獎。

凝聚態物理學起源於 19 世紀固體物理學和低溫物理學的發展。固體物理加低溫物理,使得由於非固態和量子多體的引進而演化為凝聚態物理,是物理學的一大進步。從固體物理到凝聚態物理的拓展,不僅僅是研究對象的擴展,還包括分量影響物質引起的深刻改變,包括了許多新概念的建立及思想方法的引進。

傳統的科學研究方法以還原論為主,而安德森認為,多則異,還原無法重構宇宙,部分之行為也無法完全解釋整體

之行為！高層次物質的規律不是低層次規律的應用，並不是只有底層基本規律是基本的，每個層次皆要求全新的基本概念的構架，都有那一個層次的基礎原理。也就是說，安德森教我們認識這個世界不同於還原論的另一種視角，即「湧現論」（或稱整體論）的觀點。湧現論既不屬於還原論，也不反對還原論，而是與還原論互補，構成更為完整的科學方法，讓整個科學界認識這個世界的另一個視角。

凝聚態物理學的研究是湧現論的最好例子。根據安德森的思想，凝聚態物理被分成了各種尺度上的層展現象。凝聚態的研究層次，從宏觀、介觀到微觀；物質維數從三維到低維和分數維；結構從週期到非週期和準週期，從完整到不完整和近完整；外界環境從常規條件到極端條件和多種極端條件交叉作用等等。每個層次都有其基礎的前端研究，同時也有開發應用的研究，研究成果可望迅速轉化為生產力。所謂既可上天，也可入地！成為當今物理學中最大、最重要、最活躍的分支學科。

除了物理研究之外，從基本粒子構成原子、分子，又到複雜的生物體，我們的世界是由一層一層的結構構成的，這也是形成科學層級結構的基礎和本質。

隨著每個層級的複雜性不斷增加，我們沿著學科的層級結構上升。將複雜性較低的部分 Y，組合為更複雜的系統

X。然而，這個層級結構並不意味著學科 X「僅僅是 Y 的應用」。每個新的層級都需要全新的定律、概念和歸納，並且和其前一個層級一樣，研究過程需要大量的靈感和創意。心理學不是應用生物學，生物學也不是應用化學。多體理論和化學等簡單情況中複雜性出現的方式，無法類比於真正複雜的文化和生物情況中複雜性出現的方式。我們在每個層級都會遇到迷人且基礎的問題 [48]。

安德森的層展思想不僅僅影響了物理界，也被擴展到整個科學界以及其他社會科學和人文研究領域，直接推動了所謂「複雜性科學」的建立和發展。

6.7 複雜性科學

1984 年，一批從事物理學、經濟學、生物學、電腦科學的學者，包括諾貝爾獎得主、夸克之父默里·蓋爾曼（Murray Gellmann）與喬治·考恩（George Cowan）等，建立了一個研究複雜性科學的「聖塔菲研究所」，致力於推動複雜性科學與跨學科研究。爾後，安德森也積極地參與其中，全力支持年輕人對這個世界的各方面進行更為困難和興奮的探索。

複雜性科學興起於 1980 年代，是系統科學發展的新階段，也是當代科學的前沿熱門領域之一。複雜性科學在研究方法論上有所突破和創新，因此引發了自然科學的變革，也日益滲透到人文研究領域。有人認為「21 世紀將是複雜性科學的世紀」，因為它將為人類的發展提供一種新思路、新方法和新途徑，具有很好的應用前景。

複雜性科學最早由法國哲學家和社會學家埃德加·莫林（Edgar Morin）提出，發表於 1973 年的《迷失的正規化：人性研究》（*Le paradigme perdu: la nature humaine*）一書中。莫林涉獵人文科學和自然科學的諸多領域，在人類學、社會

學、歷史學、哲學、政治學、教育學等領域均有重要建樹。

　　莫林「複雜思維正規化」思想的核心是他書中所說的「來自噪音的有序」的原則：任意搖動一個裝有許多磁性小立方體的盒子。當時間足夠長，最後盒子中的小立方體會根據磁極的取向互相連線成一個有序結構。無序的任意地搖動，卻能導致小立方體形成整體的有序結構。其原因是因為小立方體本身具有磁性。但磁性只是產生有序性的潛能，有序性最終是透過無序搖動的幫助而實現。莫林認為，這個例子打破了有關有序性和無序性相互對立和排斥的傳統觀念，表明兩者在一定條件下可以相互為用，共同促進系統的組織複雜性。這是莫林建立的複雜性方法的一條基本原則，揭示了動態有序現象的本質。

　　比莫林稍晚，物理學家普利高津在他與斯唐熱（Isabelle Stengers）於 1979 年出版的法文版《新的聯盟》（*La Nouvelle Alliance*，英文版書名為《從混沌到有序》）一書中也提出了「複雜性科學」的概念。在經典物理學中，基本過程被認為是決定論的和可逆的。按照普利高津的觀點，可逆性和決定論只適用於有限的簡單情況，而不可逆性和隨機性卻占世界萬事萬物的統治地位。普利高津的核心思想是認為經典物理學採取的是靜態的、簡化的研究方式。例如，完全忽略了「時間」這個參數量的作用，把物理過程看成是可逆的。

由此，普利高津建立了遠離平衡態時的耗散結構理論。

　　成立於 1984 年 5 月的美國聖塔菲研究所，被視為世界複雜性問題研究的中樞。然而，聖塔菲研究所的複雜性觀念與前面所說的莫林和普利高津的複雜性觀念有所不同。聖塔菲研究所的建立人和學術帶頭人，是著名的美國物理學家蓋爾曼。蓋爾曼是一位百科全書式的學者，他通曉的學科極廣，是 20 世紀後期學術界少見的通才，他在基本粒子物理中引進強子「八重道」分類，提出夸克模型。正因為對基本粒子的系統分類的成功建立及其相互作用的發現，蓋爾曼獲得了 1969 年諾貝爾物理學獎。

　　蓋爾曼對於複雜性科學的思考，濃縮在《夸克與美洲豹：簡單性和複雜性的奇遇》（*The Quark and the Jaguar: Adventures in the Simple and the Complex*）這本經典的科普書中（圖 6.7.1）。在這本書中，貫穿全書的是自然基本定律與偶然性之間相互作用的觀點，從量子物理學的角度解釋從簡單到複雜。

　　蓋爾曼認為，事物的有效複雜性只受基本規律少許影響，大部分影響來自「偶然事件」。蓋爾曼還認為，複雜性科學研究的焦點不是客體或環境的複雜性，而是主體自身的複雜性 —— 主體複雜的應變能力以及與之相應的複雜結構。蓋爾曼強調不同學科的整合，整合性科學即複雜性科學，比

如分子生物學、非線性科學、認知科學等領域。蓋爾曼在他
的書中，談到亞瑟‧施（Arthur Sze）的一首詩中的一句：
「夜晚徘徊的美洲豹，與夸克的世界息息相關。」蓋爾曼認
為，夸克是所有物質最基本的基石，所有物體都是由夸克和
電子組成，因此，夸克象徵「簡單性」；美洲豹則是力量和
兇猛的象徵，包括我們自身在內的世界之紛繁的結構。因
此，美洲豹象徵著複雜適應系統所顯示出來的那種複雜性。
研究簡單和複雜，這兩者之關聯，則為複雜性科學。

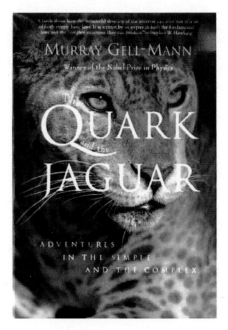

圖 6.7.1 《夸克與美洲豹：簡單性和複雜性的奇遇》

第六篇
從簡單到複雜

　　儘管對複雜性科學的確切含義尚有不同的理解，但也有不少各個領域共識的部分。一般認為，複雜性科學主要包括：系統論、控制論、人工智慧、耗散結構、協同學、突變論、碎形混沌、細胞自動機等。而複雜系統一般具有某些共同的特徵，例如非線性、不確定性、自組織性、湧現性、累加性、生成性等。

　　無論是簡單還是複雜，無論是研究夸克還是美洲豹，人類對宇宙的認知和探索永無止境。簡單到複雜如何過渡？從基本粒子到生物個體，到地球，到天體，到宇宙萬物，是如何整合如何演化的？對這些跨學科的複雜適應系統的研究，會為我們展現科學研究的另一種方法和視角，也許將引領下一場科學革命，造福於人類文明社會。

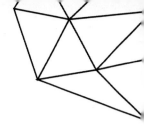

參考文獻

[01] LORENZ E N. Deterministic Nonperiodic Flow [J]. Journal of the Atmospheric Sciences, 1963, 20: 130-141.

[02] GLEICK J. Chaos: Making a New Science[M]. New York: Penguin, 1987.

[03] CHANG A, ZHANG T R. The Fractal Geometry of the Boundary of Dragon Curves [J]. Journal of Recreational Mathematics, 2000, 30:9-22.

[04] EDGAR G A. Classics on Fractals [M]. Menlo Park: Addison-Wesley, 1993.

[05] HAUSDORFF F. Dimension und äußeres Maß [J]. Mathematische Annalen, 1919, 79:157-179.

[06] CHANG A, ZHANG T R. The Fractal Dimension of Dragon Boundary [EB/OL]. [2020-10-01]http://en.wikipedia.org/wiki/Dragon_curve.

[07] MANDELBROT B B. The Fractal Geometry of Nature [M]. San Francisco: W. H. Freeman, 1983.

[08] POINCARÉ H. The Relativity of Space [EB/OL]. (1897) [2020-06-01]. http://www.marxists.org/reference/subject/philosophy/works/fr/poincare.htm.

參考文獻

[09] POINCARÉ H. On the Dynamics of the Electron [J]. Comptes Rendues, 1905, 140:1504-1508.

[10] POINCARÉ H. On the Dynamics of the Electron [J]. Rendiconti del Circolo matematico di Palermo, 1906, 21:129-176.

[11] DARRIGOL O. The Mystery of the Einstein Poincaré Connection [J]. Isis, 2004, 95(4): 614-626.

[12]GALISON P L. Einstein's Clocks, Poincaré's Maps [EB/OL]. [2003-09-16][2020-06-01]. http://www.fas.harvard.edu/~hsdept/bios/galison-einsteins-clocks.html

[13] HILL G W. Researches in the Lunar Theory [J]. American Journal of Mathematics, 1878, 5-26, 129-147, 245-260.

[14] MAY R M. Simple Mathematical Models with Very Complicated Dynamics [J]. Nature, 1976, 261:459-467.

[15] MAY R M. The Chaotic Rhythms of Life [J]. Australian Journal of Forensic Sciences, 1990.

[16] BULDYREV S V, GOLDBERGER A L, et al. Fractal Landscapes and Molecular Evolution: Modeling the Myosin Heavy Chain Gene Family [J]. Biophysica Journal, 1993, 65:2675-2681.

[17] SAPOVAL B. Universalités et fractales [M]. Paris: Flammarion-Champs, 2001.

[18] TAN C O, et al. Fractal Properties of Human Heart Period Variability: Physiological and Methodological Implications [J]. The Journal of Physiology, 2009, 587:3929.

[19] GLASS L, MACKEY M. From Clocks to Chaos: The Rhythms of Life [M]. Princeton: Princeton Univ Press, 1988.

[20] GOLDBERGER A L, RIGNEY D R, BRUCE J. Chaos and Fractals in Human Physiology [J]. Scientific America, 1990(2): 42-49.

[21] LIPSITZ L A, GOLDBERGER A L. Loss of Complexity and Aging [J]. The Journal of the American Medical Association, 1992, 267(13): 1806-1809.

[22] LEFÈVRE J. Teleonomical Optimization of a Fractal Model of the Pulmonary Arterial Bed [J]. J Theor Biol, 1983: 21.

[23] YERAGANI V K, JAMPALA V C, et al. Effects of Paroxetine on Heart Period Variability in Patients with Panic Disorder: A Study of Holter ECG Records [J]. Neuropsychobiology, 1999, 40:124-128.

[24] SMALE S. Chaos: Finding a Horseshoe on the Beaches of Rio [EB/OL]. (1996) [2020-06-01]. http://www6.cityu.edu.hk/ma/doc/people/smales/pap107.pdf.

參考文獻

[25] COLLET P, ECKMANN J P, KOCH H. Period Doubling Bifurcations for Families of Maps on [J]. Journal of Statistical Physics, 1981, 25:1-14.

[26] WALDNER F, BARBERIS D R, YAMAZAKI H. Route to Chaos by Irregular Periods: Simulations of parallel pumping in ferromagnets [J]. Physics Review A, 1985, 31(1): 420-431.

[27] POMEAU Y, MANNEVILLE P. Intermittent Transition to Turbulence in Dissipative Dynamical Systems, Commun [J]. Jouranl of Mathematical Physics, 1980, 74:189-197.

[28] OTT E, SOMMERER J C. Blowout Bifurcations: the Occurrence of Riddled Basins and on-off Intermittency [J]. Physics Letters A, 1994, 188:39-47.

[29] BATTELINO P M, GREBOGI C, OTT E, et al. Chaotic Attractors on a 3-torus and Torus Break-up [J]. Physica D, 1989, 39:299-314.

[30] CHUA L O. The Genesis of Chua's Circuit [J]. Archiv Elektronic Ubertransgungstechnik, 1992, 46:250-257.

[31] MADAN R N. Chua's Circuit: A Paradigm for Chaos [J]. World Scientific, 1993:1088.

[32] MANDELBROT B. Fractals and the Art of Roughness [EB/ OL]. [2020-06-01]. http://www.ted.com/talks/benoit_man-

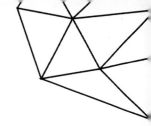

delbrot_fractals_the_art_of_roughness.html.

[33] MANDEIBROL B. The Variation of Certain Speculative Prices [J]. Journal of Business, 1963, 36:394-419.

[34] FAMA E F. Mandelbrot and the Stable Paretian Hypothesis [J]. Journal of Business, 1963, 36(4): 420-429.

[35] DAY R. Irregular Growth Cycles [J]. American Economic Review, 1982(72): 406-414.

[36] DAY R. The Emergence of Chaos From Classical Economic, Growth [J]. The Quarterly Journal of Econ, 1983(54): 201-213.

[37] BARNET T, WILLIAM A, CHEN P. Economic Theory as a Generator of Measurable Attractors [J]. Mondes en Developpement, 1986, 14:209-224.

[38] CHEN P. Origin of Division of Labor and Stochastic Mechanism of Differentiation [J]. European journal of operational research, 1987, 30(3): 246-250.

[39] BROCK W A, SAYERS C. Is the Business Cycles Characterized by Deterministic Chaos? [J]. Journal of Monetary Economics, 1988, 22:71-80.

[40] CHEN P. A Random-Walk or Color-Chaos on the Stock Market? Time-Frequency Analysis of S&P Indexes [J].

參考文獻

Studies in Nonlinear Dynamics & Econometrics, 1996, 1(2): 87-103.

[41] PETERS, EDGAR E. Fractal Market Analysis: Applying Chaos Theory to Investment and Economics [M]. Hoboken: John Wiley and Sons, 1994.

[42] 丁玖·中國數學家傳：第六卷 李天岩 [EB/OL]. [2020-06-01]. http://wenku.baidu.com/view/9b2e1906eff9ae-f8941e061f.html.

[43] LI T Y, YORKE J A. Period Three Implies Chaos [J]. American Mathematical Monthly, 1975, 82: 985-992.

[44] Wikipedia: John Russell [EB/OL]. [2020-06-01]. http://en.wikipedia.org/wiki/John_Scott_Russell.

[45] ABLOWITZ M, BALDWIN D E. Nonlinear Shallow Ocean-wave Soliton Interactions on Flat Beaches [J]. Physical Review E, 2012, 86(3): 036305.

[46] 生命遊戲 Java [EB/OL]. [2020-06-01]. http://www.bitstorm.org/gameoflife/.

[47] WOLFRAM S. A New Kind of Science [M]. Charnpaign: Wolfram Media, Incorporated, 2002.

[48] ANDERSON P W. More is different: Broken Symmetry and the Nature of the Hierarchical Structure of Science[J].

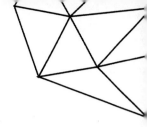

Science, 1972, 177(4047): 393-396.

參考網址：

[A] 下面的連結可以讓你親身體會碎形和混沌圖形的趣味和美妙：https://demonstrations.wolfram.com/topic.html?topic＝Fractals&limit＝20.

[B] 三體問題演示程式：http://alecjacobson.com/programs/three-body-chaos/

http://alecjacobson.com/programs/fullscreen-applet/?page＝http%3a//alecjacobson.com/programs/three-body-chaos/.

[C] 碎形音樂網站

https://docs.google.com/leaf?id＝0B7ZOv_0yiMYgM-2VlMDQwNTMtNDU2Yi00MWZk...

http://www.youtube.com/watch?v＝uHg_g-3Yeow&feature＝related.

從數學遊戲到真實世界

　　張天蓉是我在美國德克薩斯大學奧斯汀校區物理系的同學。1980 年代德克薩斯大學是世界上研究物理學前沿的領軍學府。我的老師伊利亞‧普利高津（Ilya Prigogine）是非平衡態統計物理、自組織理論和複雜系統科學的創始人，1977年諾貝爾化學獎得主。我在普利高津研究中心的辦公室在物理系的 7 樓，8 樓就是張天蓉就讀的理論物理研究中心。諾貝爾物理學獎得主、研究基本粒子統一場論的溫伯格（Steven Weinberg），研究黑洞的著名理論物理學家約翰‧惠勒（John Wheeler），研究量子引力場的德維特（Bryce DeWitt）都在那裡。11 樓有實驗研究混沌現象領先世界的亨利‧斯文尼（Henry Swinney）領導的非線性動力學中心。普利高津中心研究混沌理論碰到的問題，就拿到 11 樓的實驗物理學家那裡討論，反之亦然。正是這種前沿交融的學術氣氛，薰陶了第一批來德克薩斯大學留學的研究生。

　　張天蓉是同學中的一位才女。她在考研究所時已經是 3個孩子的母親，從偏遠的江西以高分考進久負盛名的中國科學院理論物理研究所，又是第一批公派出國讀博士。她的數學之好，令同學們佩服不已。

從數學遊戲到真實世界

　　她在德克薩斯大學學習的領域是難度很高的數學物理，她的老師西西爾（Cécile DeWitt-Morette）也是一位物理學界的奇女子。1940 年代，這位身材小巧苗條、舉止優雅的法國姑娘，曾經愛慕過中國主導原子彈理論研究的著名物理學家彭桓武教授。張天蓉能到德克薩斯大學留學，也得益於他們舊日的情誼。理論物理之難，鮮有女生涉足。誰能想到西西爾竟然成為法國物理學二戰後復興的「繆斯女神」。西西爾深感二戰後法國物理學地位的衰落，慨然倡議在法國辦理論物理的夏季高級講習班，邀請各國物理學大師來法國講學。多年以後，即使她長居美國，仍然獲得法國政府頒給的騎士勳章，以感謝她對法國物理復興的貢獻。

　　張天蓉寫的這本書，和她寫的《走近量子糾纏》都有同樣鮮明的個人風格。一般的通俗科普讀物，寫的主要是「事」和概念，張天蓉講的卻是「人」和思想，即科學發現的真實故事。她寫的科學家，個個都天真可愛，栩栩如生。愛好科學的年輕人最需要知道的不是科學發現的結果，而是新思想的靈感來自何處。張天蓉以她自己的理解，講出一個個生動的故事。這些講故事的靈感，來自奧斯汀物理學跨學科的交流氣氛。

　　我幾次和張天蓉及其他同學一起訪問過惠勒教授，他當時是唯一曾和愛因斯坦和波耳同時共事的物理學家，也是諾貝

爾物理學獎得主費曼的老師。我喜歡提問題，惠勒給我的答案必定以故事的形式開頭和結尾，張天蓉的文筆則是這些故事最好的見證。有一次，我們討論愛因斯坦與波耳的著名論戰，惠勒興致勃勃地提起一件趣事。普林斯頓大學曾經想為愛因斯坦立個雕像。什麼形象能代表愛因斯坦的個性呢？有人建議的形象是愛因斯坦彎腰向一個小女孩講故事，以此表現愛因斯坦的好奇和童心。惠勒說，他見證了一個真實的場面，但是遺憾沒有藝術家勇於表現。愛因斯坦和波耳既是好友，又是對手。每次波耳從歐洲來到普林斯頓，一定盡快衝到愛因斯坦家裡。他們見面就爭論不休。有次兩個老朋友見面時正趕上愛因斯坦午睡，惠勒也在場。愛因斯坦一見波耳就翻身起來，兩人辯論得忘乎所以。只有惠勒發現愛因斯坦竟然一絲不掛，而波耳也完全沒想到要提醒愛因斯坦先穿上衣服！

　　混沌的發現，對牛頓物理學的世界觀造成致命的打擊。尤其引起物理學界震撼的是 1980 年費根鮑姆發現的普適常數。1981 年春，費根鮑姆到休士頓大學講演時，我有幸在座，並與其共進午餐。當時，沒有一個聽講的物理學教授能搞懂。但是懷疑之外，與混沌有關的報導總是吸引物理學家的目光。1981 年秋，我成了普利高津的研究生，發現一個留學生難以理解的怪事：即教授和研究生對剛剛出現的「混沌熱」採取完全相反的態度。當時科普讀物對混沌大肆宣傳，惹得研究生

從數學遊戲到真實世界

和大學生趨之若鶩；但是物理的主流雜誌拒絕發表和混沌相關的論文，因為沒有多少實驗證據。我當時雖然也對混沌頗為好奇，但還是埋頭研究演化生物學及經濟學勞動分工的演化機制。然而，1984 年從布魯塞爾打來的一個電話突然改變了我的研究軌道。普利高津的學生和同事，比利時布魯塞爾大學的尼科里斯（Nicolis）夫婦，從北極深海岩芯的地質數據中，發現了氣象混沌的經驗證據。他們興奮至極，就從布魯塞爾打電話來向普利高津報喜，立即扭轉普利高津對混沌的立場，立刻發現這是一個劃時代的革命，而且可以納入自己創造的「自組織」理論。普利高津放下電話就問我，是否有興趣去尋找「經濟混沌」。當時，我研究勞動分工模型已近尾聲，重新開題意味著第四年的研究生生涯要重新開始。當時，我們都模糊感覺到一個新時代的出現，儘管結果難料，但是不願錯過歷史的機遇。所以，我立即放下手中的一切，從大量的經濟金融的數據中大海撈針。終於在一年後從貨幣指數中找到第一個「經濟混沌」的經驗和理論證據，10 年後改進了觀測經濟波動的參照系，發現連續時間的混沌在宏觀和金融的時間序列中普遍存在。普利高津也立即寫了一本影響極大的新書《從混沌到有序》（*Order Out of Chaos*），整合非平衡態統計物理與非線性動力學的成果，成為複雜系統科學的奠基之作。我料想不到的是，經濟混沌的發現讓物理學家眉開眼笑，讓生物學家喜

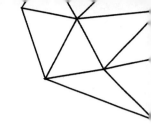

出望外，卻讓經濟學家困惑不已，因為混沌的概念顛覆了牛頓力學的可預測性。這究竟是科學的災難，還是科學的福星，不同領域的學者有完全不同的理解。混沌對氣象預報是為難之事，對理解生物和經濟的多樣性與適應性卻是超越機械論的動力學基礎。張天蓉的書，讓我重提混沌研究初年的學界爭議，是想告訴當代的青年朋友，科學發現要勇於挑戰前人，甚至挑戰自己的老師。普利高津常說一句話：「科學研究，不是老師教學生，而是學生教老師。」我在普利高津身邊研究了 20 餘年。我發現，科學發現不是從學習教科書開始，而是從提問、觀察開始。科學發現的機遇稍縱即逝，容不得半點猶豫不決。拿破崙有句名言：「機會只為有準備的頭腦存在！」這是成功者的經驗之談。

混沌研究是從數學物理學家開始的，後來才逐漸找到在各領域的應用。我從經濟混沌的研究開始，從物理學轉到經濟學和金融學，是從經驗數據的分析開始，而不是從已有的數學模型開始。和量子力學相比，混沌研究屬於新興的複雜科學的一部分，目前還不成熟，存在若乾重大爭論至今未決。

混沌的名稱是數學家詹姆斯·約克（James York）提出的。他們難以理解，為何決定論方程式會產生不確定（軌道不能精確預言）的數學解？約克把他的困惑表現在他命名的混沌一詞中。混沌（chaos）在英文中是「無序」的意思，

負面的意義非常強烈。相比之下，中文的「混沌」，原意是宇宙之始，類似盤古開天地，是「無序產生有序」的演化過程。普利高津盛讚中國的老莊哲學比西方的原子論高明，因為包含了整體論和演化論的哲學思想。

　　普利高津一生關注生命起源問題，如何從平衡態的無序，產生發展非平衡態的有序。普利高津先是用非線性方程式的極限環解來描寫化學反應的類生命週期，後來，麥基（Michael Mackey）、格拉斯（Leon Glass）和我先後發現差分 - 微分方程式（也叫延時微分方程式）的混沌解，可以用來解釋觀察到的生物混沌和經濟混沌。我把梅（Robert May）發現的離散時間差分方程式產生的決定論混沌叫做「白混沌」；因為它的頻譜是平的，活像白噪音。但是連續時間延時微分方程式產生的決定論混沌，其頻譜是有一定寬度的尖峰，我把它叫做「色混沌」。色混沌是生理時鐘的最簡單的數學模型。我們的心跳和呼吸頻率都有一定的變化範圍，不會像機械鐘那樣只有單一頻率的狹窄頻譜尖峰，也不可能是白噪音。這是我們研究的非線性經濟動力學與傳統的新古典經濟學的主要分歧。

　　普利高津把混沌看作更高的生物秩序，而非更低的無序。維納（Norbert Wiener）的控制論把生命的穩定性歸因於負回饋機制，無疑只對一半；因為只有負回饋，就不會有新

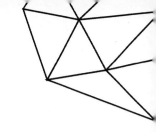

陳代謝和創新革命。我個人認為，色混沌是描寫生命現象的第二個數學表象。以「奇異吸子」為例，它的典型影像是內密外疏的螺旋軌道，既有區域性的軌道不穩定性，又有整體的結構穩定性。普利高津指出正回饋的作用是雙刃的：既破壞舊秩序，又創造新秩序。因此，任何生命系統必然包含正負回饋的共存和競爭。羅倫茲宣傳的「蝴蝶效應」是言過其實的。假如只有正回饋的放大擾動，沒有過度振盪時的負回饋抑制，任何結構都會瓦解。這在自然界是不可能的，因為能量守恆會限制區域性振盪的無限放大，正如野火燒光燃料就會熄滅。真實的物理機制是多種非線性相互作用。天氣預報有短期和中期的可能，但難以有長期的預報。誇大蝴蝶效應在市場中的作用，是經濟學中市場原理主義反對任何政府干預的理由，但是並不成立。股票市場的短期、長期運動都難以預測，但是中期是可以的。這為宏觀調控提供了基礎。我們注意到調控經濟週期的長短比調控價格幅度更為可行。大蕭條和本次金融危機，都發生在長達十年的經濟繁榮之後。時間表象和頻率表象孰優孰劣，具體問題要具體分析。

　　畢業後，張天蓉和我走上不同的研究道路。多年沒有聯繫了，不知當年的才女花開何處？突聞張天蓉退休後不甘寂寞，寫了幾本小說之後，又進軍科普讀物。文如其人，細心、親切，又動人。對男女老少，凡夫雅士，都可以引發科

學的好奇和探索的慾望。誰能知道，今天的讀者中，又有誰會成為明天的愛因斯坦或羅倫茲呢？

一本好的科普讀物，不僅可以介紹已有的知識，也能回顧歷史的爭議，啟發未來的突破。初讀張天蓉的書，就引發我對混沌研究的不同見解，以及主流學者與大眾媒體爭議，好像又回到當年聚會於惠勒辦公室的年代。我們的爭論只是一家之言，誰更接近真實世界，讓讀者們去探討。這正是張天蓉一書的獨到之處。

最後，我要給讀者透露一個祕密：張天蓉能夠幾十年如一日地發揮她的才幹，還得益於她多才多藝的丈夫 —— 我的另一位德克薩斯大學同學章球博士。你們難以想像，學工程的章球，不但心靈手巧，而且能歌善舞。當年一曲〈新疆之春〉，不知有多少傾慕者。科學是艱苦又需要想像的職業。要從事科學嗎？最好有一個浪漫又忠誠的伴侶，共度時艱。不同意嗎？問問為張天蓉作序者的另一半好了！博君一笑，但是真的。

願張天蓉的靈感和她書中的人物一樣，青春常在！

陳平 [005]

---

[005]　北京大學國家發展研究院教授，復旦大學新政治經濟學中心高級研究員，哥倫比亞大學資本與社會中心外籍研究員，德克薩斯大學量子複雜系統中心訪問研究員。從事非平衡態物理、非線性經濟動力學與演化經濟學的研究。

電子書購買

爽讀 APP

國家圖書館出版品預行編目資料

蝴蝶效應，數學與碎形美學至混沌理論：從自然
界圖案到宇宙結構，解構數學美學，探索宇宙最
基本的語言 / 張天蓉 著 . -- 第一版 . -- 臺北市：
崧燁文化事業有限公司 , 2024.04
面；　公分
POD 版
ISBN 978-626-394-142-7(平裝)
1.CST: 科學哲學 2.CST: 混沌理論
301　　　　113003433

蝴蝶效應，數學與碎形美學至混沌理論：從自然界圖案到宇宙結構，解構數學美學，探索宇宙最基本的語言

臉書

作　　　者：張天蓉
發 行 人：黃振庭
出 版 者：崧燁文化事業有限公司
發 行 者：崧燁文化事業有限公司
E - m a i l：sonbookservice@gmail.com
粉 絲 頁：https://www.facebook.com/sonbookss/
網　　　址：https://sonbook.net/
地　　　址：台北市中正區重慶南路一段六十一號八樓 815 室
Rm. 815, 8F., No.61, Sec. 1, Chongqing S. Rd., Zhongzheng Dist., Taipei City 100,
Taiwan
電　　　話：(02) 2370-3310　　　傳　　　真：(02) 2388-1990
印　　　刷：京峯數位服務有限公司
律師顧問：廣華律師事務所 張珮琦律師

定　　　價：375 元
發行日期：2024 年 04 月第一版
◎本書以 POD 印製
Design Assets from Freepik.com